普通高等教育公共基础课系列教材·计算机类

Python 程序设计基础

娄　岩　主编

徐东雨　张志常　刘　佳　庞东兴　副主编

科　学　出　版　社

北　京

内 容 简 介

本书以实用性为导向，从基础概念、语法结构、应用案例、开发技巧等方面深入浅出地介绍 Python 的程序设计方法及项目实现流程。

本书内容图文并茂，操作步骤完善，以实例方式讲解，每个实例都通过了程序验证，并附有具体脚本代码，易于掌握和学习。本书提供开放式的课程网站（http://www.cmu.edu.cn/computer）和相应的课件作为支持。

本书既可以作为普通高校各专业计算机公共基础课程教材，又可以作为全国计算机等级考试的辅导教材，还可供专业技术人员参考。

图书在版编目（CIP）数据

Python 程序设计基础/娄岩主编. —北京：科学出版社，2021.1
（普通高等教育公共基础课系列教材·计算机类）
ISBN 978-7-03-064404-6

Ⅰ. ①P… Ⅱ. ①娄… Ⅲ. ①软件工具-程序设计-高等学校-教材
Ⅳ. ①TP311.561

中国版本图书馆 CIP 数据核字（2020）第 019747 号

责任编辑：宋 丽 杨 昕／责任校对：王 颖
责任印制：吕春珉／封面设计：东方人华平面设计部

科 学 出 版 社 出版
北京东黄城根北街 16 号
邮政编码：100717
http://www.sciencep.com

三河市骏杰印刷有限公司印刷
科学出版社发行 各地新华书店经销
*

2020 年 2 月第 一 版 开本：787×1092 1/16
2021 年 1 月第二次印刷 印张：12 3/4
字数：302 000

定价：**48.00 元**
（如有印装质量问题，我社负责调换〈骏杰〉）
销售部电话 010-62136230 编辑部电话 010-62135397-2032

前　言

近年来，Python 已经快速发展成为热门的语言之一，并在数据分析、Web、图像处理、人工智能等技术领域得到了广泛应用。为适应新时代信息技术的发展，教育部考试中心决定自 2018 年 3 月起，在计算机二级考试中加入"Python 语言程序设计"科目。目前，已经有越来越多的人投入 Python 的应用研究中。

为此，我们精心策划和编写了《Python 程序设计基础》一书，目的是使读者既能够结合实例学习 Python 程序设计方法，提高运用 Python 3 编程并解决实际应用问题的能力，又可以通过学习，为参加全国计算机等级考试做好准备。

本书以实例方式进行讲解，其中每个实例都通过了验证，操作步骤完善且附有具体脚本代码。书中内容图文并茂，知识难易程度循序渐进，具有很强的可读性和可操作性，读者在学习过程中可以按图索骥，在较短时间内掌握 Python 的开发技术。本书兼顾不同专业、不同层次读者的需要，以提高读者自主学习和运用知识的能力为目标，强化学习过程中实践能力的培养，为 Python 初学者提供全面、详实的参考资料，使其易于掌握 Python 程序设计方法、项目开发流程和步骤。

本书由娄岩任主编，徐东雨、张志常、刘佳、庞东兴任副主编。具体编写分工如下：第 1 章由娄岩编写，第 2 章由郭美娜编写，第 3 章由霍妍编写，第 4 章由马瑾编写，第 5 章由曹阳编写，第 6 章由郭婷婷编写，第 7 章由徐东雨编写，第 8 章由刘佳编写，第 9 章由曹鹏编写，第 10 章由郑琳琳编写，第 11 章由庞东兴编写，第 12 章由张志常编写，第 13 章由王艳华编写。

感谢科学出版社为本书的出版进行了精心策划和充分论证，在此向所有参加编写的同事及帮助和指导过我们工作的朋友表示衷心的感谢！由于编者水平有限，书中难免存在不足，恳请广大读者批评指正。

娄　岩

2019 年 11 月

目　　录

第 1 章　Python 概述

◢ 导学
──

　　Python 是一种跨平台、开源的解释型高级语言。Python 作为动态编程语言，更适合初学者。通过引用外部库，Python 可快速、准确地实现多种实用功能，尤其在人工智能和大数据方面的应用，更优于目前世面上流行的其他高级程序语言。Python 模块化的设计理念，使得其具有更好的开放性和扩展性。通过学习 Python，能够帮助初学者掌握程序设计方法，增强逻辑思维能力，快速、方便地开发出具有实用功能的应用案例。

　　了解：Python 的发展历史和主要应用领域。

　　掌握：Python 的相关概念及特点，Python 及其集成开发环境的搭建、工作方式及安装方法，Python 的输入/输出主要方法。
──

　　Python 作为一种高扩展性的语言，有功能丰富的标准库，应用领域十分广泛，从网站、爬虫到机器人控制等，是目前主流的程序设计语言。

1.1　Python 简介

1.1.1　Python 的概念

　　Python 是一种高层次的，结合了解释性、编译性、互动性和面向对象的程序设计语言。Python 语言具有很强的可读性，具有比其他语言更有特色的语法结构。

　　1）Python 是解释型语言：开发过程中没有编译环节，类似于页面超文本预处理器（pape hypertext preprocessor，PHP）或者 Perl 语言。

　　2）Python 是交互式语言：可以在命令提示符中直接互动执行程序。

　　3）Python 是面向对象语言：支持面向对象的风格或代码封装在对象中的编程技术。

　　4）Python 是被广泛应用的语言：支持广泛的应用程序开发，从简单的文字处理到浏览器再到网络爬虫、机器学习等。

1.1.2　Python 的发展历史

　　Python 是荷兰人吉多•范罗苏姆（Guido van Rossum）在 1989 年圣诞节期间开发的一门语言，这个名字来自他最钟爱的电视剧《蒙提•派森的飞行马戏团》（*Monty Python's Flying Circus*），最终在荷兰国家数学和计算机科学研究所设计而成。Python 本身也是由诸多其他语言发展而来的，包括 C、C++、UNIX Shell 和其他脚本语言等。

　　自从 2004 年以后，Python 的使用率呈线性增长。2011 年 1 月，Python 被 TIOBE 编程语言排行榜评为 2010 年度语言。

1.1.3　Python 3.0

Python 的 3.0 版本常被称为 Python 3000，或简称 Py3k。相对于 Python 的早期版本，Python 3.0 是一次较大的升级。Python 3.0 在设计时没有考虑向下相容，即许多针对早期 Python 版本设计的程序都无法在 Python 3.0 上正常执行。为了照顾现有程序，Python 2.6 作为一个过渡版本，基本使用了 Python 2.x 的语法和库，同时考虑了向 Python 3.0 的迁移，允许使用部分 Python 3.0 的语法与函数。新的 Python 程序建议使用 Python 3.0 版本的语法。大多数第三方库正在努力地相容 Python 3.0，即使无法立即使用 Python 3.0，也建议编写相容 Python 3.0 的程序。本书中所有 Python 代码均采用 Python 3.0 编写。

1.1.4　Python 的特点

1. Python 的优点

Python 作为目前应用广泛的程序设计语言，具有如下优点：

1）易于学习。Python 有相对较少的关键字，结构简单；同时，有一个明确定义的语法，学习起来更加容易。

2）易于阅读。Python 代码定义得更清晰。

3）易于维护。Python 的成功在于它的源代码很容易维护。

4）广泛的标准库。Python 的极大优势之一是丰富的库，且是跨平台的，在 UNIX、Windows 和 Macintosh 系统上的兼容性很好。

5）互动模式。互动模式的支持，可以从终端输入执行代码并获得结果，同时能够跟踪测试和调试的代码片段。

6）可移植性。基于其开发源代码的特性，Python 已经被移植到许多平台。

7）可扩展性。Python 程序中可调用 C 语言或者 C++语言程序。

8）数据库。Python 提供主流商业数据库的接口，如 MySQL、MongoDB 等。

9）可嵌入性。可以将 Python 嵌入 C 语言或者 C++语言程序，让程序获得"脚本化"的能力。

2. Python 的缺点

虽然 Python 具有诸多优点，但同样存在如下一些缺点：

1）运行速度慢。与 C 语言程序相比 Python 的运行速度非常慢。因为 Python 是解释型语言，代码在执行时会被逐行翻译成中央处理器（central processing unit，CPU）能理解的机器码，这个翻译过程非常耗时，所以速度很慢。C 语言程序则在运行前直接编译成 CPU 能执行的机器码，因此速度非常快。

2）代码不能加密。如果要发布 Python 程序，实际上就是发布源代码，这一点与 C 语言不同。C 语言不用发布源代码，只需要发布编译后的机器码，要从机器码反推出 C 语言代码是不可能的。凡是编译型的语言，无须发布源代码；而解释型的语言，则必须发布源代码。

1.1.5　Python 的应用领域

　　Python 作为一种功能强大且通用的编程语言而广受好评，它具有非常清晰的语法特点，适用于多种操作系统，目前在国际上非常流行，正在得到越来越多的应用。Python 具有优秀的扩展性，在诸多领域，如网络爬虫、人工智能、科学计算、Web 开发、系统运维、大数据、云计算、金融、图形界面、企业和网站方面都具有良好的应用。

1.2　安装 Python

　　Python 具有良好的兼容性，可安装在 UNIX、Windows 和 Macintosh 等主流平台上。本节以 Windows 平台为例，详细介绍 Python 的安装过程。

　　1）进入 Python 官网（https://www.python.org/downloads）下载页面，如图 1-1 所示。

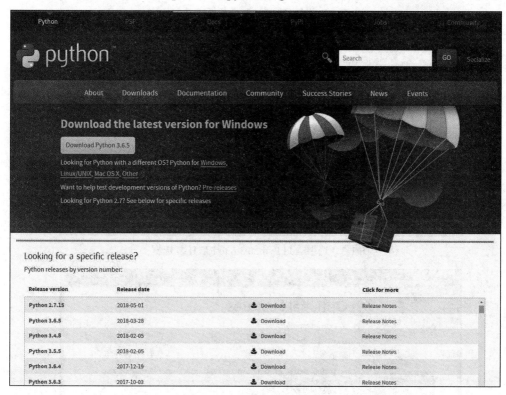

图 1-1　Python 官网下载页面

　　2）单击 Download Python 3.6.5 按钮，进入 Python 3.6.5 详情页面，网站会根据操作系统推荐合适的版本，如图 1-2 所示。

　　3）双击安装包进行安装，在开始安装界面选中 Add Python 3.6 to PATH 复选框，将 Python 添加到环境变量，如图 1-3 所示。

　　4）可单击 Install Now 按钮进行默认安装，也可单击 Customize installation 按钮进行个性化安装。本节以个性化安装为例进行安装。单击 Customize installation 按钮，进入个性化安装界面，可选中需要安装的模块，如图 1-4 所示。

图 1-2　下载 Python 安装包

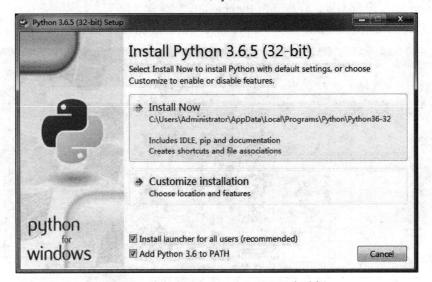

图 1-3　选中 Add Python 3.6 to PATH 复选框

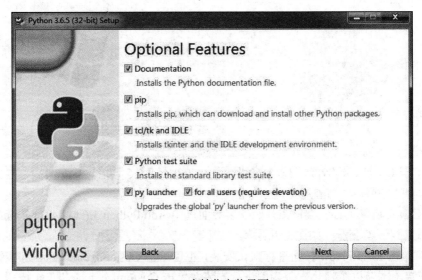

图 1-4　个性化安装界面 1

5）单击 Next 按钮继续安装，进入 Advanced Options 界面，可进行安装目录选择等设置，如图 1-5 所示。

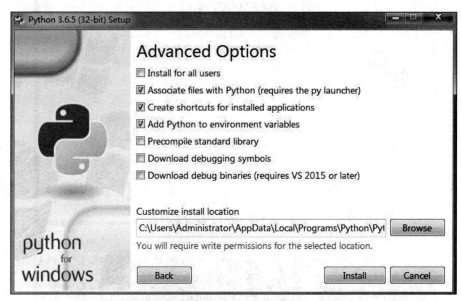

图 1-5　个性化安装界面 2

6）单击 Install 按钮进行安装，如图 1-6 所示。

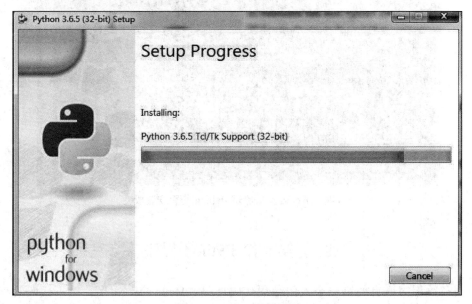

图 1-6　Python 安装界面

7）安装完成后会弹出安装成功界面，如图 1-7 所示。

8）可在 cmd 窗口测试 Python 是否安装成功。在 cmd 窗口中输入 python，如果显示如图 1-8 所示的版本等信息，则说明 Python 安装成功。

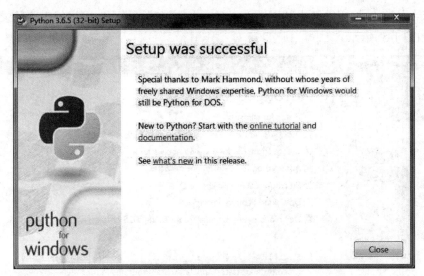

图 1-7　Python 安装成功界面

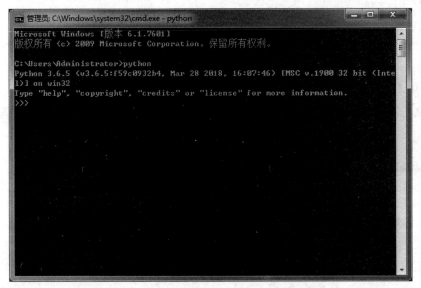

图 1-8　在 cmd 窗口测试 Python 是否安装成功

1.3　第一个 Python 程序

大多数程序语言的第一个入门编程代码便是"Hello, World!"。以下代码为使用 Python 输出"Hello, World!":

```
print("Hello, World!")
```

运行结果如下:

```
Hello, World!
```

这样便编写了一个 Python 程序,成功输出了"Hello, World!"文本。接下来的章节会详细讲解 Python 的使用语法,本节作为示例,不对代码进行详细说明。

1.4　搭建 Python 集成开发环境

　　成功安装 Python 后,可在 cmd 窗口运行 Python 程序。但在 cmd 窗口运行程序存在效率较低、易出错等缺点,因此一般在开发 Python 程序时,会选择集成开发环境(integrated development environment,IDE)。PyCharm 是一种使用广泛的 Python 集成开发环境,可帮助用户在使用 Python 语言开发时提高效率,如调试、语法高亮、Project 管理、代码跳转、智能提示、自动完成、单元测试、版本控制。此外,该集成开发环境提供了一些高级功能,以支持 Django 框架下的专业 Web 开发。本节以 PyCharm 为例,讲解 Python 集成开发环境的搭建。

　　1)进入 PyCharm 官网,双击 PyCharm 安装包进行安装,如图 1-9 所示。

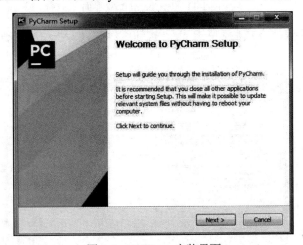

图 1-9　PyCharm 安装界面

　　2)单击 Next 按钮进行安装,选择安装目录,如图 1-10 所示。

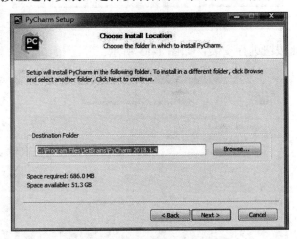

图 1-10　选择 PyCharm 安装目录

　　3)单击 Next 按钮继续安装,可进行快捷方式和文件关联等配置,如图 1-11 所示。

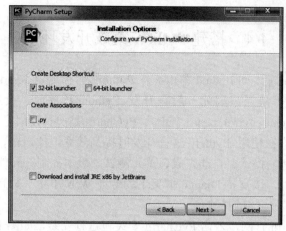

图 1-11　PyCharm 配置界面

4）选中相应的快捷方式后，单击 Next 按钮继续安装，进入安装确认界面，如图 1-12 所示。

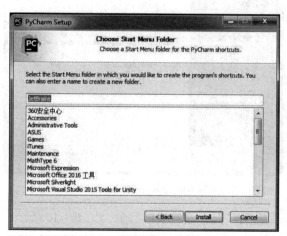

图 1-12　PyCharm 安装确认界面

5）单击 Install 按钮进行安装，如图 1-13 所示。

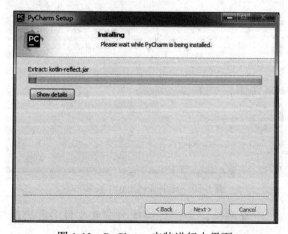

图 1-13　PyCharm 安装进行中界面

6）安装完成后，弹出安装成功界面，表示 PyCharm 已经成功安装，如图 1-14 所示。

图 1-14　PyCharm 安装成功界面

7）启动 PyCharm，启动界面如图 1-15 所示。

图 1-15　PyCharm 启动界面

8）进入项目管理界面，在 Location 文本框中输入项目名称，如图 1-16 所示。

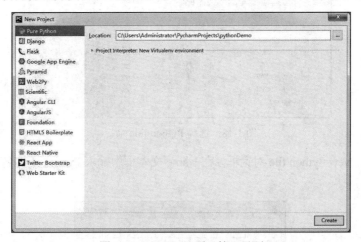

图 1-16　PyCharm 项目管理界面

9）单击 Create 按钮，创建 Python 项目，进入 PyCharm 项目开发界面，如图 1-17 所示。

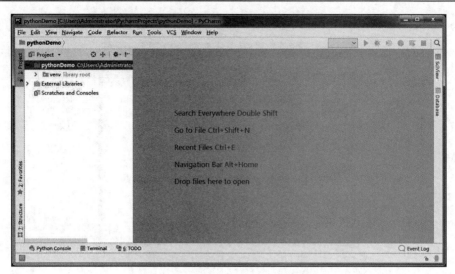

图 1-17　PyCharm 项目开发界面

10）在项目文件夹上右击，在弹出的快捷菜单中选择 New→Python File 命令，如图 1-18 所示。

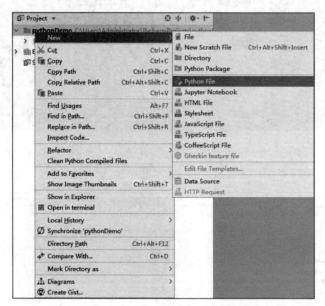

图 1-18　选择 Python File 命令

11）弹出 New Python file 对话框，在 Name 文本框中输入 Python 文件名称，如图 1-19 所示。

图 1-19　输入 Python 文件名称

12）创建 Python 文件后，可在代码编辑窗口中输入代码，如图 1-20 所示。

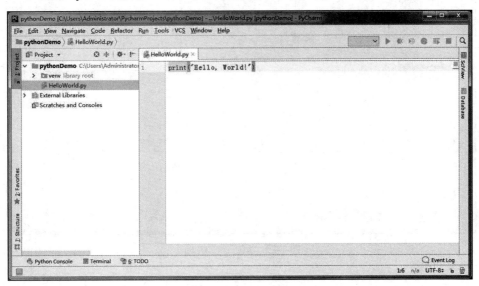

图 1-20　输入代码

13）若要运行该 Python 文件，可在对应 Python 文件标签上右击，在弹出的快捷菜单中选择 Run×××命令，如图 1-21 所示。

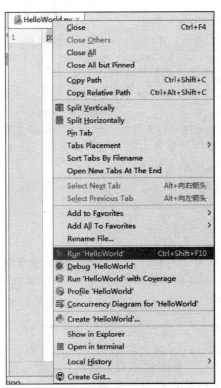

图 1-21　运行 Python 文件

14）运行结果显示在输出窗口中，如图 1-22 所示。

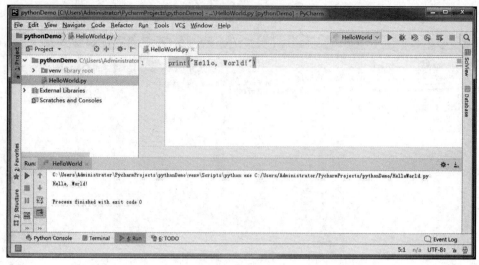

图 1-22　运行结果界面

1.5　Python 的输入/输出

1.5.1　Python 的输入

1. 读取键盘输入

Python 提供了 input()内置函数从标准输入设备读入一行文本，默认的标准输入设备是键盘。input()函数可以接收一个 Python 表达式作为输入，并将运算结果返回。代码如下：

```
str = input("请输入：");              #等待用户输入
print("你输入的内容是：", str)        #显示用户输入内容
```

上述代码运行后会等待用户输入，输入字符串后按 Enter 键结束输入，输出窗口会显示刚刚输入的字符串。运行结果如下：

```
请输入：中国医科大学计算机教研室
你输入的内容是：中国医科大学计算机教研室
```

2. 读文本文件

除了通过键盘读取输入外，Python 还可以读取文本文件作为输入。对文本文件的操作包括文件的创建（打开）、关闭、读和写等，这些是许多程序运行过程中经常应用的。Python 中文件的操作过程通常是先通过创建一个 file 类的对象打开一个文件，再使用 file 类的 read()读文件，最后完成对文件的操作时要调用 close()方法关闭文件。read()方法可以从一个打开的文件中读取一个字符串，该方法从文件的开头开始读入，如果没有传入参数，read()方法会尝试尽可能多地读取更多的内容，很可能会读到文件的末尾。需要重点注意的是，Python 字符串不仅可以是文字，还可以是二进制数据。读文件代码如下：

```
#打开 Python 项目目录中的 cmucc.txt 文本文件，读文本内容，使用结束，关闭文件。
f1 = open("cmucc.txt", "r")          #打开一个文件,参数为只读
```

```
print("文件名: ", f1.name)              #输出文件名
print("文本内容: ", f1.read())          #读文件内容
f1.close()                              #关闭打开的文件
```

上述代码运行结果如下：

```
文件名: cmucc.txt
文本内容: CMUCC
```

读文本文件除了上述方法外，还有其他使用方法。关于读文件的更多操作会在后续章节中详细讲解，本节不再展开说明。

3. 读取其他文件

Python 除了可以读取文本文件外，还可以读取可扩展标记语言（extensible markup language，XML）、JavaScript 对象简谱（JavaScript object notation，JSON）等文件，并将这些文件中的信息作为输入。关于读取 XML 文件的具体操作会在后续章节中详细讲解，本节不再展开说明。

1.5.2　Python 的输出

1. print()函数

print()函数作为 Python 最常用的输出语句，可以输出字符串、数值和变量等。代码如下：

```
print("中国医科大学计算机教研室")
```

上述代码会在输出窗口显示相应信息，运行结果如下：

```
中国医科大学计算机教研室
```

print()函数默认是换行的，即每次使用 print()函数会自动换一行。如果不换行输出，则可在 print()函数中加入 "end=""" 语句。代码如下：

```
print("中国医科大学",end="")
print("计算机教研室")
```

上述代码在输出 "中国医科大学" 后，应该另起一行输出 "计算机教研室"，但由于加入了 "end=""" 语句，因此没有换行，而是直接输出了 "计算机教研室"。运行结果如下：

```
中国医科大学计算机教研室
```

关于 print()函数的更多操作会在后续章节中详细讲解，本节不再展开说明。

2. 写文本文件

write()方法可将字符串写入一个打开的文本文件，即将结果输出到文件中。与 read()方法类似，Python 中文件的操作过程通常是先通过创建一个 file 类的对象打开一个文件，再使用 file 类的 write()写文件，最后完成对文件的操作时要调用 close()方法关闭文件。关于写文件的更多操作会在后续章节中详细讲解，本节不再展开说明。

3. 写入其他文件

Python 除了可以将输出结果写入文本文件外，还可以将输出结果写入 XML、JSON

等文件。关于写入 XML 文件的具体操作会在后续章节中详细讲解，本节不再展开说明。

本节介绍了 Python 中的主要输入/输出方法，使读者对 Python 的输入/输出有整体的理解，为后续章节的学习提供帮助。

小　　结

本章主要介绍了 Python 的概念、发展历史、特点和主要应用领域；详细介绍了 Python 的安装过程，并以 Python 3.0 为例编写了第一个 Python 程序；介绍了 Python 集成开发环境 PyCharm 的安装和工作方式；介绍了 Python 3.0 的主要输入/输出方法。通过对本章的学习，读者能够对 Python 有一定的了解和掌握，为后续章节的学习打下良好的理论基础。

第 2 章 基 础 语 法

▶ 导学

Python 是当今计算机领域应用非常广泛的高级语言之一。在诸多计算机高级语言中，Python 是一门简单易学且功能强大的编程语言。通过学习 Python，读者不但能够学会程序设计方法，增强逻辑思维能力，同时还可以掌握计算机高级语言完整的知识体系结构。

了解： Python 变量的赋值、运算符的优先级。

掌握： Python 的基本数据类型和基本运算符的使用。

Python 语言与 C、C++ 、Java 和 C# 等计算机语言有许多相似之处，同时又存在一些差异，它能够用简单而又高效的方式进行面向对象编程。例如，完成同一个任务，C 语言需要 900 行代码，C#需要 200 行，而 Python 可能只要 10 行。Python 拥有高效的数据结构，是开发应用程序的理想语言。本章学习 Python 的基础语法，包括基本数据类型和基本运算符。

2.1 Python 基本数据类型

2.1.1 变量的赋值和数据类型

Python 中的变量不需要声明，但每个变量在使用前都必须赋值，变量赋值以后该变量才会被创建。等号用来给变量赋值。等号左边是一个变量名，等号右边是存储在变量中的值。代码如下[以 # 开头的是 Python 中的单行注释，多行注释使用 3 个单引号（'''）或 3 个双引号（"""）]：

```
counter = 100            #变量名是 counter，它是数字整型变量
miles = 1000.0           #变量名是 miles，它是数字浮点型变量
a = "CMU"                #变量名是 a，它是字符串
A = [1, 2, 3]            #变量名是 A，它是列表
print(counter)           #print()函数用于输出
print(miles)
print(a)
print(A)

'''
变量的命名要注意：
1) 变量的名字尽量有意义，方便使用。
2) 变量的名字不能用数字开头，用英文字符命名时区分大小写。
'''
```

运行结果如下：

```
100
1000.0
CMU
[1, 2, 3]
```

Python 3.0 中有 6 个标准的数据类型：数字（Number）、字符串（String）、列表（List）、元组（Tuple）、字典（Dictionary）和集合（Sets）。

2.1.2　数字

Python 中数字数据类型用于存储数值，其支持 3 种不同的数值类型。

1）整型（int）：正整数或负整数，不带小数点。

2）浮点型（float）：由整数部分和小数部分组成，浮点型也可以使用科学计数法表示（如 $2.4e2 = 2.4×10^2 = 240$）。

3）复数（complex）：由实数部分和虚数部分构成，可以用 a + bj 或者 complex(a,b) 表示，复数的实部 a 和虚部 b 都是浮点型。

2.1.3　字符串

1. 创建字符串

字符串是 Python 中最常用的数据类型，可以使用单引号或双引号创建字符串，效果是相同的。创建字符串时只要为变量分配一个值即可。代码如下：

```
v1 = '中国医科大学'
v2 = "CMU"
```

2. 访问字符串中的值

访问字符串时，可以使用方括号来截取字符串。截取单个字符的基本语法格式为

```
string[index]
```

其中，string 表示要截取的字符串，index 表示索引值。Python 规定，字符串中第一个字符的索引为 0，第二个字符的索引为 1，后面各字符依此类推。此外，Python 也允许从后面开始计算索引，最后一个字符的索引为-1，倒数第二个字符的索引为-2，依此类推。代码如下：

```
v1 = '中国医科大学'
v2 = "CMU"
print("v1[2]: ", v1[2])          #输出 v1 的第 3 个字符
print("v2[-2]: ", v2[-2])        #输出 v2 的倒数第 2 个字符
```

运行结果如下：

```
v1[2]: 医
v2[-2]: M
```

Python 也可以在方括号中使用范围来获取字符串的中间"一段"（称为子串），其基本语法格式为

```
string[start:end:step]
```

此格式中，各参数的含义如下。

1）string：表示要截取的字符串。

2）start：表示截取开始的字符所在的索引（截取时包含该字符）。

3）end：表示截取结束的字符所在的索引（截取时不包含该字符）。

4）step：表示步长，指从 start 索引处的字符开始，每 step 个距离截取一个字符，直至 end 索引处的字符。当 step 值省略时，该值默认为 1，最后一个冒号也可以省略。

① step 为正值：表示正向截取。如果不指定 start，则默认从字符串的第一个字符开始截取（截取时包含该字符）；如果不指定 end，则默认截取到最后一个字符（截取时包含该字符）。

② step 为负值：表示逆向截取。如果不指定 start，则默认从字符串的最后一个字符开始截取（截取时包含该字符）；如果不指定 end，则默认截取到字符串开头的第一个字符（截取时包含该字符）。

代码如下：

```
v3 = '热烈庆祝中华人民共和国成立 70 周年！'
print("v3[4:11]: ", v3[4:11])              #从索引 4 到索引 10 的子串
print("v3[:4]: ", v3[:4])                  #从开始到索引 3 的子串
print("v3[-5:-3]: ", v3[-5:-3])            #从索引-5 到索引-4 的子串
print("v3[8:-5]: ", v3[8:-5])              #从索引 8 到索引-6 的子串
```

运行结果如下：

```
v3[4:11]: 中华人民共和国
v3[:4]: 热烈庆祝
v3[-5:-3]: 70
v3[8:-5]: 共和国成立
```

步长为正值表示正向截取，步长为负值表示逆向截取。代码如下：

```
v4 = '0123ABCD'
print("v4[:]: ", v4[:])                    #截取全部字符
print("v4[::3]: ", v4[::3])                #从第 1 个字符开始每 3 个字符输出 1 个字符
print("v4[::-1]: ", v4[::-1])              #字符串逆序输出
print("v4[-5:-1]: ", v4[-5:-1])            #后 4 个字符逆序输出
```

运行结果如下：

```
v4[:]: 0123ABCD
v4[::3]: 03C
v4[::-1]: DCBA3210
v4[-5:-1]: DCBA
```

要取得相同位置的元素，可以用不同的表示方法。代码如下：

```
zfc1 = '2019 临床'
zy1 = zfc1[4:6]
print("专业: ", zy1)
zfc2 = '2019 影像'
zy2 = zfc2[4:]
print("专业: ", zy2)
zfc3 = '2019 护理'
zy3 = zfc3[-2:]
print("专业: ", zy3)
```

运行结果如下：

```
专业一: 临床
专业二: 影像
专业三: 护理
```

说明：字符串、列表和元组都是 Python 序列，序列是 Python 中最基本的数据结构。序列中的每个元素都分配一个数字，即它的索引。

3. 转义字符

转义字符就是在字符串中加入反斜杠（\）符号，然后后边跟上特定的字符或者符号，就能实现输出特定符号的目的。转义字符及其说明如表 2-1 所示。

表 2-1 转义字符及其说明

转义字符	说明	转义字符	说明	转义字符	说明
\(在行尾时)	续行符	\\	反斜杠符号	\'	单引号
\"	双引号	\b	退格	\r	回车
\000	空	\n	换行	—	—
\oyy	八进制数 yy 代表的字符，如\o12 代表换行	\xyy	十六进制数 yy 代表的字符，如\x0a 代表换行	—	—

代码如下：

```
print("中国医科大学红医摇篮")              #未使用转义字符
print("中国医科大学\\红医摇篮")            #使用转义字符\\，输出结果中嵌入反斜杠
print("中国医科大学\"红医摇篮\"")          #使用转义字符\"，输出结果中嵌入双引号
print("中国医科大学\n红医摇篮")            #使用转义字符\n，输出结果中有换行
```

运行结果如下：

```
中国医科大学红医摇篮
中国医科大学\红医摇篮
中国医科大学"红医摇篮"
中国医科大学
红医摇篮
```

4. 字符串格式化

Python 中内置的%操作符可用于格式化字符串操作，控制字符串的呈现格式。格式符为真实值预留位置，并控制显示的格式。格式符可以包含一个类型码，用以控制显示的类型，如%s 表示字符串，%d 表示十进制整数。代码如下：

```
print("我来自 %s 今年 %d 岁!" % ('中国医科大学', 20))
```

运行结果如下：

```
我来自 中国医科大学 今年 20 岁!
```

Python 常用字符串格式化符号及其说明如表 2-2 所示。

表 2-2 Python 常用字符串格式化符号及其说明

符号	说明	符号	说明
%s	格式化字符串	%d	格式化整数
%u	格式化无符号整型	%o	格式化无符号八进制数
%x	格式化无符号十六进制数	%e	用科学计数法格式化浮点数

2.1.4 列表

1. 创建列表

列表是最常用的 Python 数据类型，列表的数据项不需要具有相同的类型，它和其他语言的数组比较类似，但功能更强。

创建一个列表，只要将不同的数据项用逗号分隔，使用方括号括起来即可。代码如下：

```
list1 = ['智能', '医学', 2008, 2019]
list2 = [1, 2, 3, 4, 5]
list3 = ["A", "B", "C", "D"]
```

2. 访问列表中的值

可以使用下标索引来访问列表中的值，也可以使用方括号截取字符，与访问字符串中的值类似。代码如下：

```
list1 = ['智能', '医学', 2008, 2019]
list2 = [1, 2, 3, 4, 5]
print("list1[0]: ", list1[0])
print("list2[1:4]: ", list2[1:4])
```

运行结果如下：

```
list1[0]: 智能
list2[1:4]: [2, 3, 4]
```

3. 更新列表

可以对列表的数据项进行更新。代码如下：

```
list = ['中国', '医大', 2000, 2019]
print("第三个元素为 : ", list[2])
list[2] = 2010
print("更新后的第三个元素为 : ", list[2])
```

运行结果如下：

```
第三个元素为 :  2000
更新后的第三个元素为 :  2010
```

4. 删除列表元素

可以使用 del 语句删除列表中的元素。代码如下：

```
list = ['中国', '医大', 2000, 2019]
print("第三个元素为 : ", list[2])
del list[2]
print("删除第三个元素后的列表 : ", list)
print("当前列表的第三个元素为 ", list[2])
```

运行结果如下：

```
第三个元素为 :  2000
删除第三个元素后的列表 :  ['中国', '医大', 2019]
当前列表的第三个元素为: 2019
```

2.1.5　元组

1. 创建元组

Python 的元组与列表类似，不同之处在于元组的元素不能修改。元组一般用在以下情况：为了函数能够安全地采用一组值，要求这组值只能被读取而不能被修改。元组使用小括号，创建元组只需要在小括号中添加元素，并使用逗号隔开即可。代码如下：

```
tup1 = ('智能', '医学', 2000, 2018)
tup2 = (1, 2, 3, 4, 5 )
```

创建空元组代码如下：

```
tup1 = ()
```

元组中只包含一个元素时，需要在元素后面添加逗号。代码如下：

```
tup1 = (150,)
```

2. 访问元组

可以使用下标索引来访问元组中的值，与字符串类似，从左到右元组下标索引从 0 开始。代码如下：

```
tup1 = ('Python', 'C', 2000, 2020)
tup2 = (1, 2, 3, 4, 5, 6, 7)
print("tup1[0]: ", tup1[0])
print("tup2[1:5]: ", tup2[1:5])
```

运行结果如下：

```
tup1[0]:  Python
tup2[1:5]:  (2, 3, 4, 5)
```

3. 删除元组

元组中的元素值是不允许删除的，但可以使用 del 语句删除整个元组。代码如下：

```
tup = ('计算机', '高级语言')
del tup
print(tup)
```

以上代码中元组被删除后，输出时会提示异常信息 NameError: name 'tup' is not defined。

2.1.6　字典

1. 创建字典

字典由键和对应值成对组成键/值对，如要保存学生的学号、姓名和年龄信息，就可以通过创建字典来实现。创建字典的代码如下：

```
dict = {'ID': '1001', 'Name': 'lucy', 'Age': 19}
```

说明：每个键与值用冒号隔开，每对用逗号分隔，整体放在花括号中。键必须独一无二，但值则不必。值可以取任何数据类型，但键必须是不可变的，如字符串、数或元组。

2. 访问字典里的值

要访问字典里的值，就把相应的键放入方括号。代码如下：

```
dict = {'Name': 'Brown', 'Age': 17, 'Class': 'First'}
print("dict['Name']: ", dict['Name'])
print("dict['Age']: ", dict['Age'])
```

运行结果如下：

```
dict['Name']:  Brown
dict['Age']:  17
```

3. 修改字典

修改字典的方法是增加新的键/值对或修改已有键/值对。代码如下：

```
dict = {'Name': 'Angel', 'Age': 20}
dict['Age'] = 21                                    #修改 Age 的数据项
dict['School'] = "CMU"                              #增加一个键/值对
print("dict['Age']: ", dict['Age'])
print("dict['School']: ", dict['School'])
```

运行结果如下：

```
dict['Age']:  21
dict['School']:  CMU
```

4. 删除字典元素

可以删除字典里的单一元素，也可以清空字典里的所有元素，还可以删除整个字典。代码如下：

```
dict = {'Name': 'Angel', 'Age': 20}
del dict['Name']                                   # 删除键是 Name 的条目
dict.clear()                                       # 清空词典所有条目
del dict                                           # 删除词典
```

5. 字典对表格数据的操作

表格数据可以使用字典和列表存储，并实现访问。已知表格数据如表 2-3 所示，对它的存储和访问代码如下：

```
r1 = {"name":"高天","age":18,"city":"北京"}         #用字典 r1 存储第一行数据
r2 = {"name":"王杰","age":19,"city":"上海"}         #用字典 r2 存储第二行数据
r3 = {"name":"李曼","age":20,"city":"深圳"}         #用字典 r3 存储第三行数据
tb = [r1,r2,r3]                                     #用列表 tb 存储整个表
print(tb[0]["name"],tb[0]["age"],tb[0]["city"])    #输出第一行数据
```

运行结果如下：

```
高天 18 北京
```

表 2-3 成员年龄籍贯信息

姓名	年龄	籍贯
高天	18	北京
王杰	19	上海
李曼	20	深圳

2.1.7　集合

集合里的元素是无序不重复的，集合可以有任意数量的元素，元素可以是不同的类型，如数字、元组、字符串等。要创建集合，可以将所有元素放在花括号内，以逗号分隔，或者使用 set()函数。创建一个没有任何元素的集合，可使用 set()函数（不包含任何参数）。代码如下：

```
s1 = {1,2, 'A'}          # 用花括号创建集合
s2 = set('Python')       # 用 set()函数创建集合
s3 = set('Hello')        # 用 set()函数创建集合
s4 = set()               # 创建空集合
print(s1)                # 注意观察结果的无序性
print(s2)                # 注意观察结果的无序性
print(s3)                # 注意观察结果的互异性和无序性
print(s4)                # 输出空集合
```

运行结果如下（注意：由于集合元素的无序性，每次的运行结果可能不同）：

```
{1, 2, 'A'}
{'o', 't', 'y', 'P', 'h', 'n'}
{'e', 'l', 'o', 'H'}
set()
```

2.2　Python 基本运算符

运算符是用来表示某种运算的符号。例如，在表达式 11*10 中，11 和 10 称为操作数，*称为运算符。与其他计算机高级语言类似，Python 中常用的运算符有算术运算符、字符串运算符、比较运算符、赋值运算符、逻辑运算符、成员运算符等。下面通过实例逐一介绍。

2.2.1　算术运算符

算术运算符用来实现数学运算。代码如下：

```
a = 23                   #对 a 赋值
b = 10                   #对 b 赋值
print(a + b)             #+，加法运算
print(a - b)             #-，减法运算
print(a * b)             #*，乘法运算
print(a / b)             #/，除法运算，返回浮点型
print(a % b)             #%，模运算，返回余数
print(a ** b)            #**，表示 a 的 b 次幂
print(a // b)            #//，整除，返回向下取整后的结果
print(9.0 // 2.0)        #//，整除，对浮点数执行的也是整除
```

运行结果如下：

```
33
13
230
2.3
3
```

```
41426511213649
2
4.0
```

2.2.2 字符串运算符

字符串运算符用于对字符串的操作。代码如下：

```
a = "Intelligent"
b = "Medicine"
print("a + b 输出结果：", a + b)            #+，连接字符串
print("a * 2 输出结果：", a * 2)            #*，重复输出字符串
print("a[1] 输出结果：", a[1])              #[]，通过索引获取字符串中的字符
print("a[1:4] 输出结果：", a[1:4])          #[:]，截取字符串中的一部分
#r 或 R，表示进行不转义处理，后面的字符串原样输出
print(r'\n')
print(R'\n')
```

运行结果如下：

```
a + b 输出结果： IntelligentMedicine
a * 2 输出结果： IntelligentIntelligent
a[1] 输出结果： n
a[1:4] 输出结果： nte
\n
\n
```

2.2.3 比较运算符

比较运算符用于比较它两边的值，并确定两边值的关系。代码如下：

```
a = 100
b = 200
print(a == b)     #==，如果两个操作数的值相等，则结果为真
print(a != b)     #!=，如果两个操作数的值不相等，则结果为真
print(a > b)      #>，如果左操作数的值大于右操作数的值，则结果为真
print(a < b)      #<，如果左操作数的值小于右操作数的值，则结果为真
print(a >= b)     #>=，如果左操作数的值大于或等于右操作数的值，则结果为真
print(a <= b)     #<=，如果左操作数的值小于或等于右操作数的值，则结果为真
```

运行结果如下：

```
False
True
False
True
False
True
```

2.2.4 赋值运算符

赋值运算符用于将其右侧表达式的结果赋给其左侧变量。代码如下：

```
a = 3
b = 100
c = a + b          #=，表示将 a + b 的值赋给 c
print(c)
```

```
c += a            #+=，等价于 c = c + a
print(c)
c -= a            #-=，等价于 c = c - a
print(c)
c *= a            #*=，等价于 c = c * a
print(c)
c /= a            #/=，等价于 c = c / a
print(c)
c %= a            #%=，等价于 c = c % a
print(c)
c ** = a          #**=，等价于 c = c ** a
print(c)
c // = a          #//=，等价于 c = c // a
print(c)
```

运行结果如下：

```
103
106
103
309
103.0
1.0
1.0
0.0
```

2.2.5　逻辑运算符

逻辑运算符就是常说的与、或、非，在 Python 里分别表示为 and、or、not。代码如下：

```
a = True          #True 和 False 是布尔值，注意首字母大写
b = False
print(a and b)    #and，如果两个操作数都为真，则返回真
print(a or b)     #or，如果两个操作数中的任何一个为真，则返回真
print(not a)      #not，用于反转操作数的逻辑状态
```

运行结果如下：

```
False
True
False
```

2.2.6　成员运算符

成员运算符用于测试给定值是否为序列中的成员，用于对字符串、列表或元组的操作中。代码如下：

```
a = 10
b = 20
list = [1, 2, 3, 4, 5 ]
#in，如果在序列中找到变量的值，则返回 True，否则返回 False
if ( a in list ):
   print("1 - 变量 a 在给定的列表 list 中")
else:
```

```
    print("1 - 变量 a 不在给定的列表 list 中")
#not in, 如果在序列中找不到变量的值，则返回 True, 否则返回 False
if ( b not in list ):
    print("2 - 变量 b 不在给定的列表 list 中")
else:
    print("2 - 变量 b 在给定的列表 list 中")
c = b/a
if ( c in list ):
    print("3 - 变量 c 在给定的列表 list 中")
else:
    print ("3 - 变量 c 不在给定的列表 list 中")
```

运行结果如下：

```
1 - 变量 a 不在给定的列表 list 中
2 - 变量 b 不在给定的列表 list 中
3 - 变量 c 在给定的列表 list 中
```

2.2.7　运算符的优先级

Python 运算符的优先级是指在计算表达式时执行运算的先后顺序，先执行具有较高优先级的运算，然后执行较低优先级的运算。较为常用的几种运算符的优先级由高到低依次为幂运算符、正负号、算术操作符、比较操作符、逻辑运算符。代码如下：

```
print(-3 ** 2 )              #先运算 3 的 2 次幂
print(2*5 <= 5 + 6 / 2)      #先进行算术运算，再进行逻辑运算
```

运行结果如下：

```
-9
False
```

小　结

本章主要介绍了 Python 语言的基础语法，首先介绍了 6 种基本数据类型，即数字、字符串、列表、元组、字典和集合；然后介绍了 6 种基本运算符，即算术运算符、字符串运算符、比较运算符、赋值运算符、逻辑运算符和成员运算符。这些是 Python 语言中最基础的内容，通过对本章的学习，读者能够对 Python 语言的基础语法有一定的了解和掌握，为后续章节的学习打下良好的基础。

第3章 程序的控制结构

◣ **导学** ————————————————————————————————

　　本章主要介绍 Python 程序设计中的程序控制结构。通过本章的学习，读者可以掌握 Python 程序设计的基本控制结构及程序设计技巧。

　　了解：3 种基本程序控制结构的流程图、程序设计的基本方法。

　　掌握：3 种基本程序控制结构，能够进行具体的程序设计。

　　Python 程序设计有 3 种基本程序控制结构：顺序结构、分支结构和循环结构。程序设计通常以顺序结构为主框架，程序语句按先后顺序逐条命令执行。当程序中需要判断某些条件或多次重复处理某些事件时，可以使用分支结构或循环结构控制程序的执行流程。

3.1　顺　序　结　构

　　顺序结构是程序设计的基本架构结构，在一个没有分支结构和循环结构的程序中，它按程序文件中命令语句的先后顺序逐条依次执行。顺序结构的流程图如图 3-1 所示，有一个程序入口、一个程序出口，程序运行过程中依次执行语句 1 和语句 2。

　　【例 3-1】　体质指数（body mass index，BMI）的计算公式 BMI=体重（kg）÷身高^2（m），该指数是目前国际上常用的衡量人体胖瘦程度及是否健康的一个标准。编写一个求 BMI 的程序，该程序用顺序结构设计。代码如下：

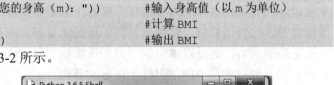

```
w = float(input("请输入您的体重（kg）: "))      #输入体重值（以 kg 为单位）
h = float(input("请输入您的身高（m）: "))        #输入身高值（以 m 为单位）
B = w / h ** 2                                  #计算 BMI
print("您的 BMI 指数为",B)                       #输出 BMI
```

上述代码的运行结果如图 3-2 所示。

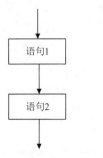

图 3-1　顺序结构的流程图　　　　　　　　　图 3-2　例 3-1 运行结果

3.2　分 支 结 构

分支结构就是按照设计好的条件，经过判断后有选择地执行程序中的某些特定语句序列，或使程序跳转到指定语句后继续运行。在 Python 程序设计中，分支结构包括单分支结构、双分支结构和多分支结构。

3.2.1　if 语句（单分支结构）

if 语句的语法格式如下：

```
if 表达式:
    语句序列
```

单分支结构程序功能：程序运行到 if 语句时，判断条件表达式是否成立，如果条件表达式的值为 True，则执行内嵌的语句序列；如果条件表达式的值为 False，则不做任何操作。单分支结构的流程图如图 3-3 所示。

【例 3-2】　能被 2 整除的数是偶数。编写一个判断整数是否为偶数的程序，该程序用单分支结构设计。代码如下：

```
x = int(input("请输入一个整数："))        #输入一个整数
if x%2 == 0:                            #判断 x 是否为偶数
    print("这个数是偶数")                 #条件表达式值为 True，输出"这个数是偶数"
```

提示：在 Python 程序设计中，通过命令行的缩进标识语句序列的开始与结束。例如，例 3-2 中 if 语句所包含的语句序列为该程序中的第 3 条命令，该条命令起始位置比第 2 条命令的起始位置向右缩进 4 个空格。

上述代码的运行结果如图 3-4 所示。

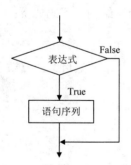

图 3-3　单分支结构的流程图

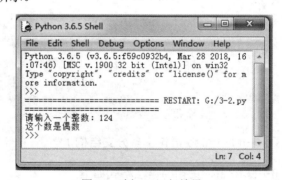

图 3-4　例 3-2 运行结果

【例 3-3】　编写一个判断输入的整数是否为奇数的程序。代码如下：

```
x = int(input("请输入一个整数："))        #输入一个整数
if x % 2! = 0:                          #判断 x 是否为奇数
    print("这个数是奇数")
```

提示："!="为比较两个对象是否不相等。

3.2.2　if…else 语句（双分支结构）

if…else 语句的语法格式如下：

```
if 表达式:
    语句序列 1
else:
    语句序列 2
```

双分支结构程序功能：程序运行到 if 语句时，判断条件表达式是否成立，如果条件表达式的值为 True，则执行内嵌的语句序列 1；如果条件表达式的值为 False，则执行 else 后面内嵌的语句序列 2。双分支结构的流程图如图 3-5 所示。

【例 3-4】　整数中，能被 2 整除的数是偶数，不能被 2 整除的数是奇数。编写一个判断整数是偶数还是奇数的程序，该程序用双分支结构设计。代码如下：

```
x = int(input("请输入一个整数: "))      #输入一个整数
if x % 2 == 0:                          #判断 x 是否为偶数
    print("这个数是偶数")               #条件表达式值为 True，输出"这个数是偶数"
else:
    print("这个数是奇数")               #条件表达式值为 False，输出"这个数是奇数"
```

上述代码的运行结果如图 3-6 所示。

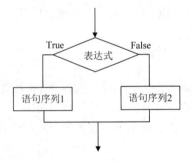

图 3-5　双分支结构的流程图

图 3-6　例 3-4 运行结果

提示：例 3-4 程序也可以根据例 3-2 和例 3-3 设计为单分支结构。代码如下：

```
x = int(input("请输入一个整数: "))      输入一个整数
if x % 2 == 0:                          #判断 x 是否为偶数
    print("这个数是偶数")               #条件表达式值为 True，输出"这个数是偶数"
if x % 2! = 0:                          #判断 x 是否为奇数
    print("这个数是奇数")
```

3.2.3　if…elif…else 语句（多分支结构）

if…elif…else 语句的语法格式如下：

```
if 表达式 1:
    语句序列 1
elif 表达式 2:
    语句序列 2
    …
elif 表达式 n:
    语句序列 n
else:
    语句序列 n+1
```

多分支结构程序功能：程序运行到 if 语句时，判断条件表达式 1 是否成立，如果条件表达式值为 True，则执行内嵌的语句序列 1；如果条件表达式值为 False，则依次判断每个 elif 条件表达式是否成立，如果表达式值为 True，则运行其下面的语句序列；如果所有的条件表达式都不成立，则执行 else 后面的语句序列。多分支结构的流程图如图 3-7 所示。

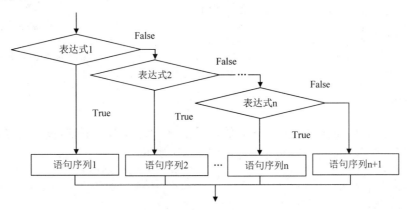

图 3-7　多分支结构的流程图

【例 3-5】　设定百分制成绩的等级划分标准为：低于 60 分，不及格；位于 60 分~75 分之间（包括 60），及格；位于 75 分~85 分之间（包括 75 分），良好；位于 85 分以上（包括 85），优秀。编写一个根据输入的成绩判断成绩所属等级的程序，该程序为多分支结构设计。代码如下：

```python
B = float(input("请输入您的成绩："))          #输入成绩
 #通过多分支结构判断成绩等级
if B >= 85:                                   #成绩高于 85，优秀
    print("您的成绩评定等级是优秀")
elif B < 85 and B >= 75:                      #成绩位于 75~85 之间，良好
    print("您的成绩评定等级是良好")
elif B < 75 and B >= 60:                      #成绩位于 60~75 之间，及格
    print("您的成绩评定等级是及格")
else:                                         #成绩低于 60，不及格
    print("您的成绩评定等级是不及格")
```

上述代运行结果如图 3-8 所示。

图 3-8　例 3-5 运行结果

提示：上面的程序也可以通过分支结构嵌套实现，代码如下：

```
B = input("请输入您的成绩：")                    #输入成绩
  #通过分支语句嵌套判断成绩等级
if B >= 85:                                      #成绩高于 85，优秀
    print("您的成绩评定等级是优秀")
    if B >= 75:                                  #成绩位于 75~85 之间，良好
        print("您的成绩评定等级是良好")
        if B >= 60:                              #成绩位于 60~75 之间，及格
            print("您的成绩评定等级是及格")
                elif:                            #成绩低于 60，不及格
                print("您的成绩评定等级是不及格")
```

3.2.4 pass 语句

在 Python 程序设计中，pass 语句的作用相当于空语句，当暂时没有确定如何实现功能时，可以使用 pass 语句来进行"占位"。举例如下：

```
x = 0
a = input("输入 a 的值")
b = input("输入 b 的值")
if a < b:
    pass                              #如果 a 的值小于 b 的值，执行 pass 语句
else:
    x = a                            #如果 a 的值不小于 b 的值，将 a 的值赋给 x
    print(x)
```

3.2.5 try…except 语句

在 Python 程序设计中，try…except 语句可以用来进行程序运行时异常的检测与处理。try…except 语句的语法格式如下：

```
try:
    被检测的语句序列
except<异常名>:
    异常处理语句序列
```

举例如下：

```
try:
    x = 1 / 0
except ZeroDivisionError:        #除数为 0 异常
    print("除数为 0")
```

3.3　循　环　结　构

循环结构是指程序在执行的过程中，其中的某段语句序列被重复执行若干次。Python 程序设计提供了 while 循环和 for 循环。

3.3.1 while 循环（while 语句）

while 语句的语法格式如下：

```
while 表达式：
    语句序列
```

while 循环结构程序功能：程序每次运行到"while 表达式:"语句时，判断条件表达式是否成立，如果条件表达式值为 True，则反复执行循环体内的语句序列；如果条件表达式值为 False，则循环结束。while 循环结构的流程图如图 3-9 所示。

【例 3-6】　编写一个计算 1+2+3+⋯+100 和的程序，该程序用 while 循环结构设计。代码如下：

```
total = 0                    #变量 total 用来保存最终的和
number = 1                   #变量 number 用来保存 1~100 的整数
while number <= 100:         #求 1~100 的和
    total = total + number
    number = number + 1
print("1 到 100 之和为: ",total)
```

上述代码的运行结果如图 3-10 所示。

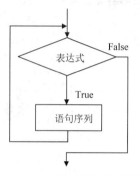

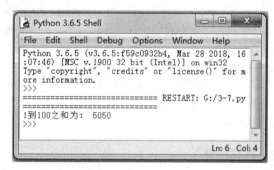

图 3-9　while 循环结构的流程图　　　　　　图 3-10　例 3-6 运行结果

注意：如果程序每次运行到"while 表达式:"语句时表达式的值都为真，则该程序为死循环，程序运行将无法结束。

举例如下：

```
total = 0
number = 1
#由于 number 始终等于 1，表达式 number <= 100 始终为 True，该循环为死循环
while number <= 100:
    total = total + number
print("1 到 100 之和为: ",total)
```

3.3.2　for 循环（for 语句）

for 语句的语法格式如下：

```
for 变量 in 序列:
    语句序列
```

for 循环结构程序功能："变量"遍历"序列"中的每个值。每取一个值，如果这个值在"序列"中，则执行语句序列，返回后再取下一个值，再判断，直到遍历完成，退出循环。序列可以是列表、元组或字符串。

【例 3-7】　编写一个计算 1+2+3+⋯+10 和的程序，该程序用 for 循环结构设计。代码如下：

```
total = 0                            #变量 total 用来保存最终的和
for x in [1,2,3,4,5,6,7,8,9,10]:     #变量 x 用来循环控制
```

```
    total = total + x
print("1 到 10 之和为: ",total)
```
上述代码的运行结果如图 3-11 所示。

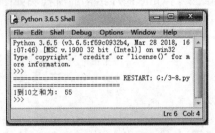

图 3-11　例 3-7 运行结果

提示：例 3-7 程序也可以根据 range()函数设计（函数相关内容见第 4 章）。代码如下：
```
total = 0                      #变量 total 用来保存最终的和
for x in range(1,11):          #变量 x 用来循环控制
    total = total + x
print("1 到 10 之和为: ",total)
```
提示：范围函数 range(start, stop[, step])所表示的计数范围从 start 开始，到 stop-1 结束，step 为计数变化的步长值，默认为 1。例如，上面程序中的 range(1,11)的步长值为 1，表示 1～10 的整数。

3.3.3　循环嵌套

Python 程序设计允许在一个循环体中嵌入另一个循环体。对于 while 循环和 for 循环来说，两种循环语句可以自身嵌套，也可以相互嵌套，嵌套的层次没有限制。循环嵌套执行时，每执行一次外层循环，其内层循环必须循环执行结束后才能进入外层循环的下一次循环。在设计嵌套程序时，注意在一个循环体内包含另一个完整的循环结构。

【例 3-8】　编写一个输出由"&"组成的直角三角形（9 行）的程序，该程序为循环嵌套结构设计。代码如下：
```
for i in range(1,10):          #range(1,10)表示 1～9 之间的整数
    for j in range(1,I + 1):   #range(1,i+1)表示 1～i 之间的整数
        print("&",end = "\t")  #行中每个值以"\t"隔开，"\t"为制表符
    print()                    #换行
```
上述代码运行结果如图 3-12 所示。

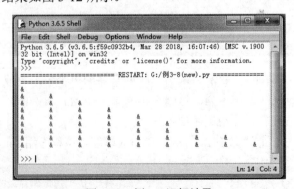

图 3-12　例 3-8 运行结果

提示：例 3-8 也可以用 while 循环嵌套来实现。代码如下：

```
i = 1
while i <= 9:                          #外层循环
    j = 1
    while j <= i:                      #内层循环的终点是一个变化的量
        print(i*j,end="\t")
        j = j + 1                      #内层循环变量的变化
    i = i + 1                          #外层循环变量的变化
    print()
```

3.3.4　break 语句和 continue 语句

break 语句和 continue 语句都可以放在循环体内，且通常放在循环体内的分支语句结构中。break 语句的作用是结束当前循环，使得整个循环提前结束；continue 语句的作用是忽略 continue 之后的语句，提前回到下一次循环。break 语句和 continue 语句的流程图如图 3-13 所示。

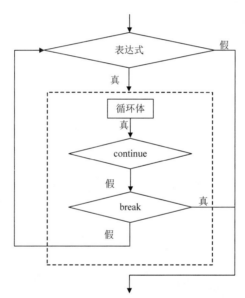

图 3-13　break 语句和 continue 语句的流程图

break 语句和 continue 语句的用法如下：

```
i = 1
while i < 10:
    i = i + 1
    if i%2 != 0:                       #奇数时跳过输出
        continue
    print(i)                           #偶数时输出
i = 1
while 1:                               #循环条件为真
    print(i)
    i = i + 1
    if i > 10:                         #当 i 值大于 10 时，循环结束
        break
```

注意：当程序设计为死循环，然后中途判断用 break 退出循环时，称为半路循环。
举例如下：

```
a = -1
while 1:
    a += 1
    if a == 10:
        break
```

小　　结

本章主要介绍了 Python 程序设计中的顺序结构、分支结构和循环结构 3 种控制结构，以及 3 种控制结构中可以用到的 pass 语句、break 语句和 continue 语句。通过对本章的学习，读者能够掌握 Python 程序设计的基本语法和基本思路，为后续章节的学习打下良好的基础。

第4章 函数、模块和文件

▼ **导学** ————————————————————————————————

　　函数是可重用的程序代码段，可以在程序的执行过程中多次调用。模块（module）是一种组织形式，它把许多逻辑上有关联的代码存放到独立文件中，当程序功能越来越多时，可通过引入模块实现重利用。本章学习定义及使用函数、模块，并使用 Python命令对文件进行操作。

　　了解：函数、模块的定义。

　　掌握：函数、模块的使用，文件的打开、关闭及读/写操作。

　　在程序设计中，可以利用函数或模块减少重复编写程序段的工作量。通过 Python的文件操作函数，可以实现程序运行过程中的文件读/写操作。

4.1 函　　数

　　函数是组织好的，可重复使用的，用来实现一个或多个特定功能的代码段。函数能提高应用的模块性和代码的重复利用率。Python 中的函数可分为系统函数和自定义函数。

4.1.1　系统函数

　　系统函数也称为内置函数（built-in functions），是 Python 已经定义好的函数，供用户直接调用。下面列举一些系统函数的使用方法。

　　1）取绝对值函数 abs()的语法格式如下：

```
abs(x)
```

其中，x 为数值或数值表达式，函数返回 x 的绝对值。

　　【例 4-1】 abs()函数的使用方法。代码如下：

```
#abs()函数的使用方法
print("abs(-5) : ", abs(-5))
print( "abs(37.12) : ", abs(37.12))
```

运行结果如下：

```
abs(-5) :  5
abs(37.12) :  37.12
```

　　2）四舍五入函数 round ()的语法格式如下：

```
round( x [, n] )
```

其中，x 和 n 为数值表达式，返回值为浮点数 x 的四舍五入值，保留 n 位小数。若不写n，则表示保留到整数位。

　　【例 4-2】 round()函数的使用方法。代码如下：

```
print(round(12.358,2))          #对数值 12.358 四舍五入，保留两位小数
print(round(12.358))            #对数值 12.358 四舍五入，保留到整数位
```

运行结果如下：

```
12.36
12
```

3）转换为浮点函数 float() 的语法格式如下：

```
float([x])
```

其中，x 为数值，返回值为浮点数。参数为空时，返回 0.0。

【例 4-3】　float() 函数的使用方法。代码如下：

```
#float()函数的使用方法
print(float(105 + 1))           #整数
print(float(-105.6))            #小数
print(float('105'))             #字符串
print(float())                  #参数为空，返回 0.0
```

运行结果如下：

```
106.0
-105.6
105.0
0.0
```

4）转换为整型函数 int() 的语法格式如下：

```
int([x])
```

其中，x 为数值，返回值为整型数据。参数为空时，返回 0。

【例 4-4】　int() 函数的使用方法。代码如下：

```
#int()函数的使用方法
print(int())                    #参数为空，得到结果 0
print(int(3.6))                 #取整，不四舍五入
```

运行结果如下：

```
0
3
```

5）字符串处理函数 str() 的语法格式如下：

```
str(object)
```

其中，object 为对象，返回值为字符型数据。参数为空时，返回空字符串。

【例 4-5】　str() 函数的使用方法。代码如下：

```
#str()函数的功能是将对象转换成其字符串表现形式
print(str())                    #参数为空，返回值为空字符串
print(str(123))                 #将数值转换为字符串
```

运行结果如下：

```
123
```

6）范围函数 range() 的语法格式如下：

```
range(start, stop[, step])
```

各参数的含义如下。

start：计数从 start 开始。默认是从 0 开始。例如，range(5) 等价于 range(0, 5)。

stop：计数到 stop 结束，但不包括 stop。例如，range(0, 5) 表示[0, 1, 2, 3, 4]，没有 5。

step：步长，默认为 1。例如，range(0, 5) 等价于 range(0, 5, 1)。

【例 4-6】　range() 函数的使用方法。代码如下：

```
#range()函数的使用方法
for i in range(10):              #从 0 开始到 9
    print(i, end = "\t")
print()
for i in range(1, 11):           #从 1 开始到 10
    print(i,end = "\t")
print()
for i in range(0, 30, 5):        #步长为 5
    print(i,end = "\t")
print()
for i in range(0, 10, 3):        #步长为 3
    print(i,end="\t")
print()
for i in range(0, -10, -1):      #负数
    print(i,end = "\t")
```

运行结果如下：

```
0   1   2   3   4   5   6   7   8   9
1   2   3   4   5   6   7   8   9   10
0   5   10  15  20  25
0   3   6   9
0   -1  -2  -3  -4  -5  -6  -7  -8  -9
```

7）复数函数 complex()的语法格式如下：

```
complex([real[, imag]])
```

该函数的返回值为复数 real + imag*1j。如果省略了 imag，则 image 默认值为零；如果两个实际参数（简称实参）都省略，则返回 0j。

【例 4-7】 complex()函数的使用方法。代码如下：

```
#complex()函数的使用方法
print(complex(5 + 4j))
print(complex(5))
print(complex())
```

运行结果如下：

```
(5 + 4j)
(5 + 0j)
0j
```

8）求幂函数 pow()的语法格式如下：

```
pow(x,y)
```

该函数的返回值为 x 的 y 次幂。

【例 4-8】 pow()函数的使用方法。代码如下：

```
#pow()函数的使用方法
print(pow(2,3))
```

运行结果如下：

```
8
```

9）求和函数 sum()的语法格式如下：

```
sum(iterable[, start])
```

各参数含义如下。

iterable：可迭代参数，如列表、元组、集合。

start：指定相加的参数，如果没有设置该值，默认为 0。

sum() 函数对系列进行求和计算。

【例 4-9】　sum() 函数的使用方法。代码如下：

```
#sum()函数的使用方法
a = [2,4,8]
print(sum(a))
print(sum((2,4,8), 1))              #元组计算总和后再加 1
print(sum([2,4,8], 2))              #列表计算总和后再加 2
```

运行结果如下：

```
14
15
16
```

10）all() 函数的语法格式如下：

```
all(iterable)
```

其中，iterable 为元组或列表。

all() 函数用于判断给定的可迭代参数 iterable 中的所有元素是否全部为 True，如果是返回 True，否则返回 False。元素除了是 0、空、None、False 外都算 True。

注意：空元组、空列表返回值为 True。

【例 4-10】　all() 函数的使用方法。代码如下：

```
#all()函数的使用方法
print(all(['a', 'b', 'c', 'd']))        #列表 list，元素都不为空或 0
print(all(['a', 'b', '', 'd']))         #列表 list，存在一个为空的元素
print(all([0, 1, 2, 3]) )               #列表 list，存在一个为 0 的元素
print(all(('a', 'b', 'c', 'd')))        #元组 tuple，元素都不为空或 0
print(all(('a', 'b', '', 'd')))         #元组 tuple，存在一个为空的元素
print(all((0, 1, 2, 3)))                #元组 tuple，存在一个为 0 的元素
print(all([]))                          #空列表
print(all(()))                          #空元组
```

运行结果如下：

```
True
False
False
True
False
False
True
True
```

11）any() 函数的语法格式如下：

```
any(iterable)
```

any() 函数用于判断给定的可迭代参数 iterable 是否全部为 False，如果是则返回 False；如果有一个为 True，则返回 True。元素除了是 0、空、False 外都算 True。

【例 4-11】　any() 函数的使用方法。代码如下：

```
#any()函数的使用方法
print(any(['a', 'b', 'c', 'd']))        #列表 list，元素都不为空或 0
print(any(['a', 'b', '', 'd']))         #列表 list，存在一个为空的元素
print(any([0, '', False]))              #列表 list,元素全为 0、''、False
```

```
print(any(('a', 'b', 'c', 'd')))        #元组 tuple，元素都不为空或 0
print(any(('a', 'b', '', 'd')))         #元组 tuple，存在一个为空的元素
print(any((0, '', False)))              #元组 tuple，元素全为 0、''、False
print(any([]))                          #空列表
print(any(()))                          #空元组
```

运行结果如下：

```
True
True
False
True
True
False
False
False
```

12）eval()函数的语法格式如下：

```
eval(expression)
```

其中，expression 为表达式。

eval()函数用于执行一个字符串表达式，并返回表达式的值。

【例 4-12】　eval()函数的使用方法。代码如下：

```
#eval()函数的使用方法
x = 5
print(eval( '3 * x' ))
print(eval('pow(2,2)'))
print(eval('2 + 2'))
n = 10
print(eval("n + 8"))
```

运行结果如下：

```
15
4
4
18
```

13）bin()函数的语法格式如下：

```
bin(x)
```

bin()函数返回一个整数(int)或者长整数(long int)的二进制表示。

【例 4-13】　bin()函数的使用方法。代码如下：

```
#bin()函数的使用方法
print(bin(2))
print(bin(4))
print(bin(8))
print(bin(16))
```

运行结果如下：

```
0b10
0b100
0b1000
0b10000
```

14）bool()函数的语法格式如下：

```
bool([x])
```

bool()函数用于将给定参数转换为布尔类型，如果没有参数，则返回 False。

【例 4-14】 bool()函数的使用方法。代码如下：

```
#bool()函数的使用方法
print(bool())
print(bool(0))
print(bool(1))
print(bool(2))
```

运行结果如下：

```
False
False
True
True
```

15）len()函数的语法格式如下：

```
len( s )
```

len()函数返回对象（字符、列表、元组等）长度或项目个数。

【例 4-15】 len()函数的使用方法。代码如下：

```
#len()函数的使用方法
s1 = "abcd"
print(len(s1))              #字符串长度
list1 = [1,2,3,4,5]
print(len(list1))          #列表元素个数
```

运行结果如下：

```
4
5
```

16）type()函数的语法格式如下：

```
type(object)
```

type()函数返回对象的类型。

【例 4-16】 type()函数的使用方法。代码如下：

```
#type（）函数的使用方法
print(type(1))
print(type('abcd'))
print(type([1,2,3,4,5]))
print(type({"name":"toby","age":"18"}))
x = 1
print(type( x ) == int )    #判断类型是否相等
```

运行结果如下：

```
<class 'int'>
<class 'str'>
<class 'list'>
<class 'dict'>
True
```

17）max()函数的语法格式如下：

```
max( x, y, z, … )
```

max()函数返回给定参数的最大值，参数可以为序列。

【例 4-17】 max()函数的使用方法。代码如下：

```
#max()函数的使用方法
```

```
print(max(1,2,3))
print(max(-1,0,1))
print(max([-1,-2,-3]))
```
运行结果如下：
```
3
1
-1
```

18）sorted ()函数的语法格式如下：
```
sorted(iterable)
```
sorted()函数对可迭代对象进行排序。

【例 4-18】　sorted ()函数的使用方法。代码如下：
```
#sorted()函数的使用方法
a = [5,7,6,3,4,1,2]
b = sorted(a)                    #保留原列表
print(a)
print(b)
```
运行结果如下：
```
[5, 7, 6, 3, 4, 1, 2]
[1, 2, 3, 4, 5, 6, 7]
```

还可以使用 Python 自带的集成开发环境 IDLE 通过命令查看其他系统函数，命令代码如下：
```
>>>import builtins
>>>dir(builtins)
```
系统函数都是在 builtins 模块中定义的函数，而 builtins 模块默认在 Python 环境启动时就自动导入，所以用户可以直接使用这些函数。用户还可以通过 help()函数查看系统函数或模块的详细说明。

【例 4-19】　查看系统函数的详细说明。代码如下：
```
#查看 abs()函数的详细说明
help('abs')
```
运行结果如下：
```
Help on built-in function abs in module builtins:

abs(x, /)
Return the absolute value of the argument
```

4.1.2　自定义函数

定义函数的规则如下：

1）函数需要先定义后调用。定义函数以 def（def 是 define 的缩写）关键词开头，后接函数名称和圆括号()。

2）圆括号中的内容为参数或变量。

3）函数内容以冒号起始，并且缩进。

4）return [表达式]用于结束函数，并可以返回一个值。不带表达式的 return 语句返回值为空。

定义函数的语法格式如下：

```
def functionname(parameters):
    function_suite
    return [expression]
```

默认情况下，参数值和参数名称是按函数声明中定义的顺序匹配的。

【例 4-20】 定义一个函数，其功能是输出欢迎词"Hello! PYTHON!"。代码如下：

```
#输出欢迎词"Hello! PYTHON!"
def Showhello():                    #定义函数名 Showhello
    print('Hello! PYTHON!')        #输出内容
Showhello()                        #调用函数
```

运行结果如下：

```
Hello! PYTHON!
```

4.1.3　函数的参数和返回值

参数在函数中相当于一个变量，而这个变量的值是在调用函数时被赋予的。函数的参数分为形式参数（简称形参）和实际参数（简称实参）。形参是定义函数名和函数体时需要用到的参数，目的是接收调用该函数时传递的参数；实参是传递给被调用函数的值。函数体中 return 语句的结果就是返回值。

【例 4-21】 定义一个函数，其功能是计算长方形的面积。代码如下：

```
#函数功能为计算已知边长的长方形面积
def Showmul(x,y):                  #定义函数名 Showmul，参数为 x 和 y
    return x*y                     #返回值：面积的值为长乘以宽
a = 3
b = 4
z = Showmul(a,b)                   #调用函数，返回值赋值给变量 z，a、b 为实参
print(z)                           #输出长方形面积
```

运行结果如下：

```
12
```

函数 Showmul(x,y)中的 x 称为形参，它就像变量一样，但它的值是在调用函数时定义的，而非在函数本身内赋值。

4.1.4　变量的作用域

变量的作用域即定义的变量可以使用的范围。按作用域的范围分类，变量分为全局变量和局部变量。全局变量是指在程序中定义的变量（不是在函数内），在整个程序中都可以使用；局部变量是指在函数内定义的变量，只能在该函数内起作用。

【例 4-22】 区分全局变量和局部变量。代码如下：

```
#区分全局变量和局部变量
def pandl(x):                      #定义函数名 pandl，参数为 x
    print('public x is',x)         #输出传递过来的变量值
    x = 2
    print('local x is',x)          #输出局部变量的值
x = 22                             #全局变量
pandl(x)                           #调用函数 pandl
print('public x is still ',x)      #输出全局变量的值
```

运行结果如下：

```
public x is 22
local x is 2
public x is still 22
```

4.1.5 递归调用

递归调用即函数在执行过程中直接或间接调用自己本身。

【例 4-23】 求 n 的阶乘。代码如下：

```
#利用函数的递归调用求 n 的阶乘
#定义求阶乘的函数
def fact(n):
    if n == 1:
        f = 1
    else:
        f = n*fact(n-1)              #递归调用
    return f
print(fact(3))                       #输出调用函数 fact(3)后的值
```

运行结果如下：

```
6
```

4.2 模 块

模块是包含 Python 对象定义和有逻辑组织的 Python 语句的文件。模块能定义函数、类和变量，模块中也能包含可执行的代码。为了在其他程序中重用模块，模块的文件名必须以.py 为扩展名。

如果一个文件里的程序代码过多，维护起来会很困难。为了编写可维护的代码，可以将众多函数分组，分别存放到不同的文件里。每一个扩展名为.py 的文件都称为模块。

1. 模块的导入

在 Python 中，使用 import 语句导入模块，可以使用以下两种方法。

1）导入一个模块，语法格式如下：

```
import 模块_name
```

调用模块中的函数时需要加上前缀，如模块_name.函数_name。

2）只导入模块里的某些函数，语法格式如下：

```
from 模块_name import 函数_name1，函数_name2，…
```

这个声明不会把整个模块导入当前的命名空间中，只会将它里面的 name1 或 name2 单个引入执行这个声明的模块的全局符号表。调用时可以直接写函数名，不用加前缀。

注意：编写代码时，需要把导入命令放在脚本的顶端。

2. 模块的使用

Python 本身内置了很多非常有用的模块，通过导入，可以使用其功能。常用模块有数学运算模块 math、时间模块 time、日期时间模块 datetime、随机数模块 random、数据类型模块 collections 等。

【例 4-24】　　两种导入模块的方法。代码如下：

```
#使用 from 导入 math 模块中的数学函数 π
from math import pi
print(pi)                    #调用 π 函数,直接写函数名,不用写前缀
#使用 import 导入 math 模块中所有的数学函数
import math                  #导入 math 中所有的数学函数
print(math.sqrt(100))        #调用 sqrt()函数对 100 进行平方根运算。调用时,要写前缀
```
运行结果如下：
```
3.141592653589793
10.0
```

4.3　文　　件

计算机中的文件是指保存在磁盘上的，有逻辑意义的，由字节组成的信息。文件按照编码方式分为文本文件和二进制文件。在用 Python 读/写文件时，要注意文件编码的种类。Python 内部的字符串一般都是 Unicode 编码。对文件的操作包括文件的打开、关闭、读和写等。Python 中文件的操作过程通常是先通过创建一个 file 类的对象打开一个文件，再使用 file 类的 read()或 write()函数读/写文件，最后完成对文件的操作时要调用 close()函数关闭文件。.txt 文件是广泛使用的数据文件格式，本节即以.txt 为例，介绍对文件的操作。

4.3.1　文件的打开和关闭

Python 中，文件的打开和关闭分别用到 open()函数和 close()函数，下面分别介绍其使用方法。

1. 文件的打开

Python 打开文件时必须先用内置的 open()函数打开一个文件，创建一个 file 对象，然后才可以调用它进行读/写。open()函数的语法格式如下：

```
file object = open(file_name [, access_mode][, buffering])
```
各参数含义如下。

file_name：包含要访问的文件名称的字符串值。

access_mode：决定打开文件的模式，如只读、写入、追加等。打开文件模式参数如表 4-1 所示。这个参数是非强制的，默认打开文件模式为只读 r。

表 4-1　打开文件模式参数

模式	说明
r	只读模式
w	写入模式
a	追加模式
b	二进制模式
r+	读/写模式，以 r+打开文件，写入的内容为追加
w+	读/写模式，以 w+打开文件，读取出来的内容为空

buffering：如果 buffering 的值被设为 0，就不会有寄存；如果 buffering 的值取 1，则访问文件时会寄存行；如果将 buffering 的值设为大于 1 的整数，则表明这是寄存区的缓冲大小；如果 buffering 取负值，寄存区的缓冲大小则为系统默认。

一个文件被打开后就有了一个 file 对象，用户可以得到有关该文件的各种属性。file 对象的相关属性如表 4-2 所示。

表 4-2　file 对象的相关属性

属性	说明
file.closed	如果文件已被关闭，返回 True，否则返回 False
file.mode	返回被打开文件的访问模式
file.name	返回文件的名称
file.softspace	如果用 print()函数输出后，必须跟一个空格符，则返回 False，否则返回 True

2. 文件的关闭

file 对象的 close()函数刷新缓冲区里还没有写入的信息，并关闭该文件，这之后便不能再进行写入。当一个文件对象的引用被重新指定给另一个文件时，Python 会关闭之前的文件。及时关闭文件是编写程序的良好习惯。close()函数的语法格式如下：

```
fileObject.close()
```

【例 4-25】　打开、关闭文件的方法（预先准备一个 test.txt 文本文件）。代码如下：

```
#打开 test.txt 文本文件，输出文本内容，使用结束，关闭文件
#打开一个文件，参数为只读模式
f1 = open("test.txt", "r")
#如果文件存放路径为 e 盘根目录，可以改写为 open(r"e:\test.txt", "r")
print("文件名: ", f1.name)          #输出文件名
f1.close()                          #关闭打开的文件
```

运行结果如下：

```
文件名: test.txt
```

用只读模式打开路径下对应的文本文件时，如果要打开的对象不存在，则程序会报错，报错内容如下：

```
FileNotFoundError: [Errno 2] No such file or directory
```

4.3.2　文件的读操作

1）read()函数可以从一个打开的文件中读取一个字符串，语法格式如下：

```
fileObject.read([count])
```

在这里，被传递的参数是要从已打开文件中读取的字节计数。该函数从文件的开头开始读入，如果没有传入参数 count，则会尝试尽可能多地读取内容，很可能是读到文件的末尾。需要重点注意的是，Python 字符串既可以是文字，也可以是二进制数据。

【例 4-26】　打开文本文件 test.txt，读所有字符串。代码如下：

```
# 打开 test.txt 文本文件，读文本内容，使用结束，关闭文件
f1 = open("test.txt", "r")          #打开一个文件,参数为只读
print("文件名: ", f1.name)          #输出文件名
print("文本内容: ", f1.read())      #读文件内容
f1.close()                          #关闭打开的文件
```

运行结果如下：

```
文件名： test.txt
文本内容： Hello!智能医学!
Knowledge is power.
Keep on going never give up.
```

【例 4-27】　打开文本文件 test.txt，读出前 6 个字符。代码如下：

```
#打开 test.txt 文本文件，读部分文本内容，使用结束，关闭文件
f1 = open("test.txt", "r")              #打开一个文件,参数为只读
print("文件名: ", f1.name)              #输出文件名
print("文本内容: ", f1.read(6))         #读前 6 个字符
f1.close()                              #关闭打开的文件
```

运行结果如下：

```
文件名： test.txt
文本内容： Hello!
```

2）readline()函数可以每次读出一行内容，语法格式如下：

```
fileObject.read()
```

该函数读取时占用内存小，比较适合大文件，返回一个字符串对象。

【例 4-28】　打开文本文件 test.txt，读出第一行字符串。代码如下：

```
#打开 test.txt 文本文件，读部分文本内容，使用结束，关闭文件
f1 = open("test.txt", "r")              #打开一个文件,参数为只读
print("文件名: ", f1.name)              #输出文件名
print("文本内容: ", f1.readline())      #读第一行字符串
f1.close()                              #关闭打开的文件
```

运行结果如下：

```
文件名： test.txt
文本内容： Hello!智能医学!
```

4.3.3　文件的写操作

1）write()函数可将任何字符串写入一个打开的文件，语法格式如下：

```
fileObject.write(string)
```

注意：在写文件之前，如果用写模式 w 打开已有文件，那么写入字符串时会覆盖文件原有内容。

【例 4-29】　打开文本文件 test.txt，写入两行字符串。代码如下：

```
#打开 test.txt 文本文件，输出及写入文本内容，使用结束，关闭文件
f1 = open("test.txt", "r")              #打开一个文件,参数为只读
print("文件名: ", f1.name)              #输出文件名
print("文本内容: ", f1.read())          #读文件内容
f1.close()                              #关闭打开的文件
#以追加模式打开文件
f1 = open("test.txt", "a")              #打开一个文件,参数为追加
f1.write("\nHello!\nEveryone!\n")       #追加新内容,\n 代表换行
f1.close()                              #关闭打开的文件
#以只读模式打开文件
f1 = open("test.txt", "r")              #打开一个文件,参数为只读
print("写入后的文本内容: ", f1.read())  #读文件内容
f1.close()                              #关闭打开的文件
```

运行结果如下：

```
文件名: test.txt
文本内容: Hello!智能医学!
Knowledge is power.
Keep on going never give up.
写入后的文本内容: Hello! 智能医学!
Knowledge is power.
Keep on going never give up.
Hello!
Everyone!
```

此例题中对文件进行了 3 次打开及关闭。如果改变第一次打开文件的参数，把只读模式 r 改为读/写 r+模式，则可以省去第二次文件的打开及关闭。代码如下：

```
#打开 test.txt 文本文件，输出及写入文本内容，使用结束，关闭文件
#打开一个文件,参数为读/写,写入的内容为追加
f1 = open("test.txt", "r+")
print("文件名: ", f1.name)                    #输出文件名
print("文本内容: ", f1.read())                #读文件内容
f1.write("\nHello!\nEveryone!\n")             #追加新内容, \n 代表换行
f1.close()                                    #关闭打开的文件
#以只读模式打开文件
f1 = open("test.txt", "r")
print("写入后的文本内容: ", f1.read())         #读文件内容
f1.close()                                    #关闭打开的文件
```

经测试，运行结果是一样的。

2）writelines ()函数可将任何字符串序列写入一个打开的文件，语法格式如下：

```
fileObject. writelines(list)
```

该序列可以是任何字符串，字符串为一般列表。

【例 4-30】　打开文本文件 test.txt，写入 3 行字符串列表。代码如下：

```
#打开 test.txt 文本文件，输出及写入文本内容，使用结束，关闭文件
testlist = ["\n 列表追加第一项\n","列表追加第二项\n","列表追加第三项"]
#打开一个文件,参数为读/写,写入的内容为追加
f1 = open("test.txt", "r+")
print("文件名: ", f1.name)                    #输出文件名
print("文本内容: ", f1.read())                #读文件内容
f1.writelines(testlist)                       #追加新内容, \n 代表换行
f1.close()                                    #关闭打开的文件
#以只读模式打开文件
f1 = open("test.txt", "r")
print("写入后的文本内容: ", f1.read())         #读文件内容
f1.close()                                    #关闭打开的文件
```

运行结果如下：

```
文件名: test.txt
文本内容: Hello!智能医学!
Knowledge is power.
Keep on going never give up.
写入后的文本内容: Hello!智能医学!
Knowledge is power.
Keep on going never give up.
```

列表追加第一项
列表追加第二项
列表追加第三项

4.3.4　文件的指针定位

f.seek ()函数用于移动文件读取指针到指定位置，语法格式如下：

```
f.seek(offset, from_what)
```

其中，from_what 表示开始读取的位置，offset 表示从 from_what 再移动一定量的距离，如 f.seek(10,3)表示定位到第 3 个字符并再后移 10 个字符。from_what 值为 0 时表示文件的开始，它也可以省略，省略是 0，即文件开头。

【例 4-31】　文本文件 test1.txt 中存放的内容为"智能医学"，通过指针定位，读取字符串"医学"。代码如下：

```
f = open("test1.txt", "r")      #打开 test1.txt 文本文件
f.seek(4,0)                      #定位指针，从起始位置 0 开始，偏移量为 4
print(f.readline())
```

运行结果如下：

```
医学
```

小　　结

本章主要介绍了函数、模块和文件的使用方法。通过本章的学习，读者能够对重用代码的编写有一定的了解和掌握，当一个函数或模块编写完毕，就可以被其他文件引用。用户在编写程序时，要学会有逻辑地组织代码、分配代码段，使代码更好用、更易懂。

第 5 章　面向对象程序设计

导学

面向对象程序设计（object oriented programming，OOP）是一种将数据和对数据的操作封装成为"对象"来处理的程序设计方法。这种设计思想使得软件设计更加灵活，提高了代码的可读性和可扩展性。面向对象程序设计可以在对象的基础上进行再抽象，根据不同对象之间的共同特征进行分类、抽象，形成类。面向对象程序设计的关键在于如何合理地定义和组织类及类与类之间的关系。

了解：面向对象程序设计思想。

掌握：对象、类的概念；面向对象程序设计的封装、继承和多态。

前面的章节介绍了数据、列表、元组、字典和序列等内容。本章主要介绍 Python 中另一个非常核心的概念，即对象。与 C++、Java 等其他语言一样，Python 被称为面向对象的语言，在对象之上可以抽象出类（class）的概念，类具有封装性（encapsulation）、继承性（inheritance）和多态性（polymorphism）。

5.1　面向对象程序设计基础

5.1.1　面向对象程序设计的基本概念

1. 对象

对象是面向对象程序设计的核心，是程序的主要组成部分。在面向对象程序设计方法里，一个程序可以看成一组对象的集合。

在现实世界中，我们可以广义地认为对象就是客观世界里存在着的任何事物。它可以是有生命的，也可以是无生命的；可以是具体的，也可以是抽象的。例如，每一个人、花草树木、桌椅板凳，都可以称为一个对象。任何对象不仅包含它本身，同时也包含其所具有的特性和行为。

在面向对象程序设计思想中，对象可以被看成数据及其具有的属性和存取、操作该数据的方法所构成的集合。在这种设计方法中，只要将程序中包含的每一个对象设计完成，也就完成了整个程序的设计。

2. 类

类是同一类型对象，即具有相似特性或者行为的对象的集合和抽象。在面向对象程序设计中，对象是程序的基本单位，是一种复合的数据类型，是程序的基本要素。而类是将具有相同状态、行为和访问机制的多个对象抽象形成一个整体。简言之，类是对象的集合，对象是类的实例。在定义了一个类之后，符合类特点的对象称为类实例或类对象。类代表一般，而类中的一个对象代表具体。例如，如果将每一个人作为一个个体看成一个对象，那么一类人群就可以称为一个"类"，如男性是一类，女性是一类。

其实，不必将类的概念想象得那么复杂难以理解，可以把类简单地理解为类型，即数据类型。Python 允许用户创建自定义的满足特殊条件的数据类型，与 Python 定义好的 string、list、dict 等数据类型类似。

3. 属性和方法

属性（properties）是类的特征的描述，即类中的对象所具有的一致的数据结构。在实际编程过程中，属性就是定义在类中的变量。

方法（method）是类的行为的总称，是允许作用在对象上的所有操作。在实际编程过程中，方法可以理解为定义在类中的函数。

5.1.2　面向对象程序设计的基本特性

面向对象程序设计是一种计算机编程架构，其具有以下 3 个基本特性。

1. 封装性

封装性就是将数据和数据的属性及对其可能进行的操作集合起来，形成一个整体，即对象。用户不必知道对象行为的实现细节，只需根据对象提供的外部特性接口对对象进行访问。这样，就可以实现将对象的用户和设计者分开，用户在使用对象时，不必知道对象行为的细节，只需调用设计者提供的协议命令执行即可。

另外，面向对象程序设计的封装性有效地使对象以外的事物不能随意获取对象的内部属性（公有属性除外），避免了外部错误对其产生的影响，大幅减少了软件开发过程中查错的工作量，降低了排错难度；同时隐蔽了程序设计的复杂性，提高了代码的重用性。

2. 继承性

要介绍继承性，首先应给出两个在类的继承过程中出现的新概念：父类（基类）和子类（派生类）。父类和子类是相对而言的，如果将已定义好的一个类称为父类，则从这个类派生出来的类就被称为这个类的子类。子类可以继承父类的所有属性。这种从父类派生出子类的现象称为类的继承机制，即继承性。

子类因为继承了父类的属性，所以在使用时无须重新定义父类中已经定义好的属性和行为，而是自动地拥有其父类的全部属性和行为。

3. 多态性

面向对象程序设计的多态性是指子类在继承父类中定义的属性或行为的基础上，可以再定义出其他个性化的属性或行为。

Python 完全采用了面向对象程序设计思想，是真正面向对象的高级动态编程语言，完全支持面向对象如封装、继承、多态及派生类对基类方法的覆盖和重写等基本功能。

与其他面向对象程序设计语言不同的是，Python 中对象的概念更加宽泛。在 Python 中，一切内容都可以称为对象，包括字符串、列表、字典和元祖等内置数据类型都具有和类完全相似的语法和用法。也可以说，为了保持语句简约的风格，Python 是在尽可能不增加新的语法和语义的情况下加入了类机制。

5.2　类 和 对 象

5.2.1　定义类和对象

对象是类的实例，是由类创建的。在定义一个对象时，应该首先存在一个类。

1. 定义类

创建类时，对象的属性用变量形式表现，称为数据成员或成员变量；对象的方法用函数形式表示，称为成员函数或成员方法。成员变量和成员方法统称为类的成员。

Python 使用 class 关键字来定义类，具体的书写格式如下：class 关键字之后是一个空格，后跟用户定义的类名及一个冒号，然后换行开始定义类的内部实现方法。注意，类名的首字母一般需要大写，虽然也可以按照自己的习惯风格来定义类名，但是建议按照推荐参考惯例来命名，并在整个系统的设计和实现中保持风格的一致，以此增强程序的可读性，也有利于团队合作。

下面给出定义类的最简单的语法格式：

```
class 类名:
    属性（成员变量）
    属性
    …
    …
    成员函数（成员方法）
```

【例 5-1】　定义一个类，取名为 CMU，实现输出字符串"Welcome to China Medical University！"。代码如下：

```
class CMU:
    #定义成员变量
    xm = "China Medical University"
    #定义成员函数 Welcome()
    def Welcome(self):
        print("Welcome to "+CMU.xm+ "!")
```

例 5-1 在 CMU 类中定义了一个成员变量 xm，变量值为字符串 China Medical University；一个成员函数 Welcome (self)，在成员函数中调用了成员变量 xm，并实现了输出字符串"Welcome to China Medical University！"的目的。

需要说明的是，在 Python 中，函数和成员函数是有区别的。成员函数一般指与特定实例绑定的函数，当用户通过对象调用成员函数时，对象本身将作为第一个参数被传递过去，这是普通函数所不具备的特点。在例 5-1 中成员函数 Welcome (self)中的参数 self 就是类对象本身的参数。在类的成员函数中访问实例属性时，需要以 self 为前缀。

本例只实现了定义一个类的作用，没有具体的类实例，即对象，所以程序没有运行结果。

2. 定义对象

前面介绍过，类就是数据类型。那么，面向对象程序设计方法中，在类的基础上定义的变量就是"类对象""实例对象""对象""实例"，这些不同的称呼来源于不同的程序设计语言，其中"类对象"和"实例对象"较严谨，建议用户多多采用。

既然对象是类的实例，那么在例 5-1 的基础上，我们就可以创建一个基于类 CMU 的对象了。在定义了具体的对象之后，可以通过"对象名.成员"的方式来访问类的成员函数和成员变量。

首先给出 Python 创建对象的语法格式如下：

```
对象名=类名()
```

在例 5-1 的基础上，进一步定义 CMU 类的一个对象 xm，并通过类对象来调用成员函数以实现输出欢迎词的功能。代码如下：

```
class CMU:
    #定义成员变量
    xm = "China Medical University"
    #定义成员函数 Welcome()
    def Welcome(self):
        print("Welcome to "+CMU.xm+ "!")
xm = CMU()                                    #定义类对象 xm
xm.Welcome ()                                 #通过类对象调用成员函数
print(xm.xm)                                  #通过类对象调用成员变量
```

运行结果如下：

```
Welcome to China Medical University!
China Medical University
```

5.2.2　构造函数

定义类时，可以使用一些特殊的方法，如__init__()和__new__()，它们被称为构造函数或者构造器。这里只介绍最常用的构造函数__init__()。首先，需要注意构造函数的写法，构造函数以两个下划线"_"作为开头和结尾。

当定义一个类时，系统会自动建立一个没有任何操作的默认的__init__()方法。此时，如果用户自己建立了一个新的特殊的__init__()方法，那么系统给出的默认__init__()方法将被用户自定义的__init__()方法所覆盖。

实际上，调用类时，传递的任何参数都是交给__init__()方法的，可以理解为创建实例时，对类的调用实际上就是对构造函数的调用。通过构造函数调用可以更新类的数据属性，其具体应用可以在例 5-2 中体现出来。

【例 5-2】　使用__init__()方法。代码如下：

```
class my_class:
    x = 100
    y = 200
#使用构造函数为类定义除类对象本身之外的另外两个参数：a、b
```

```
    def __init__(self,a,b):
        self.x = a
        self.y = b
#分别使用类和类对象输出参数，体会两者的区别
object_test=my_class(10,20)        #定义类对象 object_test，给参数 a 和 b 传值
print(object_test.x,object_test.y) #输出类对象参数 x、y
print(my_class.x,my_class.y)       #输出类参数 x、y
my_class.x = 1                     #重新定义类参数 x
my_class.y = 2                     #重新定义类参数 y
print(my_class.x,my_class.y)       #输出类参数 x、y
```

运行结果如下：

```
10 20
100 200
1 2
```

5.2.3　实例属性和类属性

属性（成员变量）一共有两种，即实例属性和类属性（类变量）。实例属性是在构造函数__init__()中定义的，定义时以 self 作为前缀；类属性是在类中方法之外定义的属性。在主程序中，即在类的外部，实例属性属于实例（对象），只能通过对象名访问；类属性属于类，可以通过类名访问，也可以通过对象名访问，为类的所有实例共享。

【例 5-3】　定义一个含有实例属性（课程名 kcm、学时 xs）和类属性（学科总数 num）的 Course "课程"类。代码如下：

```
class Course:
    num = 0                        #成员变量（属性）
    def __init__(self,s,n):        #构造函数，定义两个参数 s、n
        self.kcm = s               #定义实例属性 self.kcm，并将参数 s 的值赋予它
        self.xs = n                #定义实例属性 self.xs，并将参数 n 的值赋予它
    def PrintName(self):           #定义成员函数，用以输出课程名和学时
        print("课程名：",self.kcm,"学时：",self.xs)
    def PrintNum(self):            #定义成员函数，用以统计输出学科总数
        Course.num = Course.num + 1
        print(Course.num)
#主程序
P1 = Course("人工智能",48)          #定义类实例 P1
P2 = Course("医学大数据",36)        #定义类实例 P2
P1.PrintName()                     #通过类实例调用成员函数
P2.PrintName()                     #通过类实例调用成员函数
P1.PrintNum()                      #通过类实例调用成员函数
P2.PrintNum()                      #通过类实例调用成员函数
```

运行结果如下：

```
课程名： 人工智能 学时： 48
课程名： 医学大数据 学时： 36
1
2
```

5.3　类的继承和多态

Python 作为面向对象的程序设计语言具有继承性。继承性体现在父类和子类之间、类和对象之间。Python 中，子类在继承父类时还满足多态性。本节主要介绍如何在代码中体现出类的继承性和多态性。

5.3.1　类的继承

继承是为了代码复用和设计复用而设计的，是面向对象程序设计的重要特性之一。当设计一个新类时，如果可以继承另一个已有的、设计良好的且特性相似的类，然后进行二次开发，这无疑会大幅减少程序开发的工作量，提高设计效率。

类的继承的语法格式如下：

```
class 子类名（父类名）:
    子类成员
```

【例 5-4】　设计 Person 类，根据 Person 派生 Student 类，并分别创建 Person 类和 Student 类的对象。代码如下：

```
#主程序
wangwu = Person('李楠',19,'男')
wangwu.show()
zhaoliu = Student('赵想',21,'男','20180333')
zhaoliu.show()
zhaoliu.setAge(20)                      #通过父类成员函数更新实例属性
zhaoliu.show()
#定义父类：Person 类
class Person:                           #创建类 Person
    def __init__(self,name=' ',age=20,sex='女'):
        self.setName(name)             #通过 self 调用成员函数，并传递参数
        self.setAge(age)               #通过 self 调用成员函数，并传递参数
        self.setSex(sex)               #通过 self 调用成员函数，并传递参数
    def setName(self,name):            #定义成员函数
        if type(name) != str:          #内置函数 type()返回被测对象的数据类型
            print('姓名必须是字符串！')
            return
        self.__name=name               #变量符合类型要求，则赋值
    def setAge(self,age):              #定义成员函数
        if type(age) != int:           #内置函数 type()返回被测对象的数据类型
            print('年龄必须是整型！')
            return
        self.__age = age               #变量符合类型要求，则赋值
    def setSex(self,sex):              #定义成员函数
        if sex != '男' and sex! = '女':#内置函数 type()返回被测对象的数据类型
            print('请输入正确的性别（男或女）！')
            return
        self.__sex = sex               #变量符合类型要求，则赋值
    def show(self):                    #定义成员函数，用来输出对象属性
        print('姓名:',self.__name,'年龄:',self.__age,'性别:',self.__sex)
```

```
#定义子类（student 类），其中增加一个私有属性（学号）
class Student(Person):
    #定义子类构造函数，增加私有属性 studentID
    def __init__(self,name='',age=20,sex='man',studentID='20180101'):
    #在子类中调用父类构造函数，并初始化父类私有数据成员
        Person.__init__(self,name,age,sex)
        #通过 self 调用成员函数，并传递参数
        self.setStudentID(studentID)
    def setStudentID(self,studentID):
        self.__studentID=studentID
    def show(self):
        Person.show(self)
        print('学号：',self.__studentID)
```

运行结果如下：

```
姓名：李楠 年龄：19 性别：男
姓名：赵想 年龄：21 性别：男
学号：20180333
姓名：赵想 年龄：20 性别：男
学号：20180333
```

5.3.2　类的多继承

Python 的类可以继承多个父类，书写时将被继承的父类列表写在子类名后面。其语法格式如下：

```
class SubClassName (ParentClass1{, ParentClass2, ParentClass3, …}):
    子类成员
```

例如，定义 C 类同时继承 A、B 两个基类，代码如下：

```
class A:                  #定义类A
    …
class B:                  #定义类B
    …
class C (A,B):            #定义子类C，继承父类A和B
    …
```

5.3.3　类的多态

多态即多种数据类型，也就是对象可以满足不止一种数据类型。用来测试变量类型的函数 isinstance()的语法格式如下：

```
isinstance (object, class)
```

isinstance(object, class)是布尔函数，返回值为布尔值 True 或 False。当 object 是 class 类或 class 子类的实例对象时，其返回值就为 True。

【例 5-5】　类的多态，用 isinstance()函数测试变量的类型。代码如下：

```
class Animal:                          #定义父类 Animal
    def run(self):
        print("Animal is running…")
class Cat(Animal):                     #定义子类 Cat
    def run(self):
        print("Cat is running…")
```

```
class Dog(Animal):                          #定义子类 Dog
    def run(self):
        print("Dog is running…")
a=Animal()                                  #定义父类 Animal 的实例对象 a
b=Cat()                                     #定义子类 Cat 的实例对象 b
c=Dog()                                     #定义子类 Dog 的实例对象 c
print(isinstance(a, Animal))               #判断 a 是否为父类 Animal 的实例对象
print(isinstance(b, Cat))                  #判断 b 是否为子类 Cat 的实例对象
print(isinstance(c, Dog))                  #判断 c 是否为子类 Dog 的实例对象
print(isinstance(c, Animal))               #判断 c 是否为父类 Animal 的实例对象
print(isinstance(a, Dog))                  #判断 a 是否为子类 Dog 的实例对象
```

运行结果如下：

```
True
True
True
True
False
```

从例 5-5 可以看到，类 Dog 是类 Animal 的子类，所以对象 c 作为类 Dog 的实例，既具有 Dog 的数据类型，同时也具有 Animal 的数据类型。

小　　结

本章介绍了面向对象程序设计的基本概念，Python 中创建类和对象的语法规则，实例属性和类属性，以及类的继承、多继承和多态。

值得注意的是，Python 与其他程序设计语言相比有明显的不同，其中最为重要的是在其他面向对象程序设计语言中，类是没有属性的，而在 Python 中，类和对象一样，也是具有属性的。

第6章 图形用户界面设计

▼ 导学 ────────────────────────────

　　图形用户界面（graphical user interface，GUI）又称图形用户接口，是 Python 建立应用程序的主要工具之一。通过 GUI 可以设计出带有标签、按钮、文本框等组件的界面。本章以 Tkinter 为例进行介绍，要求读者学会 GUI 设计的方法，同时掌握 Python 完整的知识体系结构，增强逻辑思维。

　　了解：Python 常用图形开发库、Python 事件处理。

　　掌握：Python 常用组件的应用。

────────────────────────────

　　到目前为止，Python 输入/输出涉及的都是简单的文本形式，但是实际应用中用户要处理大量的 GUI。本章以 Tkinter 为例学习如何设计 GUI。

6.1　Python 图形开发库

6.1.1　开发平台

　　平台是图形组件的一个特定集合，在编写 Python 前，首先要确定使用哪个 GUI 平台。比较流行的 GUI 开发库有 Tkinter、wxPython、PythonWin、JavaSwing、PyGTK 等。本章使用的是 Tkinter 库，该库是 Python 标准的 GUI 工具包接口。Tkinter 可以运行在 UNIX 平台、Windows 和 Mac 等大多数的操作系统中，跨平台性能较好，便于移植。

　　由于 Tkinter 是内置 Python 的安装包，因此安装 Python 后就能直接导入 Tkinter 库。需要强调的是，Python 3.x 版本使用的库名为 tkinter，即首字母 t 为小写。因此，当导入模块时，需要写成 import tkinter。

6.1.2　创建 Windows 窗口

　　【例6-1】　创建第一个 Windows 窗口的 GUI 程序。代码如下：

```
#第一个 GUI 程序
import tkinter                        #导入 Tkinter 模块
win = tkinter.Tk()                    #创建 Windows 窗口对象
win.title('第一个图形界面设计程序')      #设置窗口显示的标题
win.mainloop()                        #显示窗口
```

运行结果如图 6-1 所示。

　　Tk()函数的功能是创建一个普通的窗口，在创建组件前必须创建这个根窗口，然后在根窗口基础上创建其他组件。当导入 Tkinter 模块语句是 import tkinter 时，创建窗口就必须加上 tkinter 类名，如程序中的 win=tkinter.Tk()；如果导入语句是 from tkinter import *，则创建根窗口的语句就是 win=Tk()，可以不用写类的名字。创建其他组件也遵循该原则。

图 6-1　Tkinter 创建的第一个 GUI 程序

mainloop()函数主要用来显示窗口，可以理解为整个程序的主循环，程序不断地在刷新，等待用户的消息事件发生，然后刷新窗口，显示窗口最新的状态。当前程序一直处于事件循环之中，直到关闭该窗口。

Windows 窗口创建后，可以通过 geometry()函数设置窗口的宽度和高度，重新调整窗口大小。geometry()函数中的宽度和高度都是字符类型数据，其语法格式如下：

```
窗口对象.geometry(宽度 x 高度)
```

注意：x 不是乘号，是小写字母 x。

设置 Windows 窗口的最大宽度、最大高度，以及最小宽度和最小高度，语法格式如下：

```
窗口对象.maxsize(最大宽度，最大高度)
窗口对象.minsize(最小宽度，最小高度)
```

将例 6-1 中窗口的初始大小设置为 800×600，并且最小宽度和最小高度为 400×600，最大宽度和最大高度设置为 1440×800。代码如下：

```
win.geometry('800x600')
win.minsize('400','600')
win.maxsize('1440','800')
```

6.2　Tkinter 常用组件

6.2.1　Tkinter 组件

组件是对数据和方法的简单封装，组件可以有自己的属性和方法。Tkinter 提供的组件有标签（label）、按钮（button）和文本框（textbox）等，组件有时也称为控件或部件。目前常用 Tkinter 组件如表 6-1 所示。

表 6-1　常用 Tkinter 组件

组件名称	说明
Button	按钮，在程序中显示按钮
Canvas	画布，显示图形元素，如线条或文本
Checkbutton	复选框，用于提供多项选择框
Entry	单行文本输入，显示简单的文本内容
Frame	框架，在屏幕上显示一个矩形区域，多用来作为容器

续表

组件名称	说明
Label	标签，可以显示文本和位图
Listbox	列表框，显示一个字符串列表
Menubutton	菜单按钮，显示菜单项
Menu	菜单，显示菜单栏、下拉菜单和弹出菜单
Message	消息，显示多行文本，与 Label 比较类似
Radiobutton	单选按钮，显示一个单选按钮的状态
Scale	范围，显示一个数值刻度，为输出限定范围的数字区间
Scrollbar	滚动条，当内容超过可视化区域时使用，如列表框
Text	文本，显示多行文本
Toplevel	容器，提供一个单独的对话框，和 Frame 比较类似
LabelFrame	一个简单的容器控件，常用于复杂的窗口布局
MessageBox	显示应用程序的消息框

　　Tkinter 的所有组件都具备标准属性（共有属性），如字体、大小和颜色等。常用组件的标准属性如表 6-2 所示。

表 6-2　常用组件的标准属性

标准属性	说明
dimension	组件大小
color	组件颜色
font	组件字体
anchor	锚点，内容放置的位置
relief	组件样式
bitmap	位图
cursor	光标
text	显示文本内容
state	设置组件状态，正常（normal）、激活（active）、禁用（disabled）

6.2.2　布局

　　Tkinter 组件有特定的几何布局管理器（geometry manager），其主要作用是管理和组织父组件中子组件的布局方式。Tkinter 组件提供了 3 种不同的几何布局管理器：pack、grid 和 place。

1. pack

　　pack 几何布局管理器采用块的方式组织组件。调用子组件的函数为 pack()，若不指定 pack() 函数的参数，pack 会从上至下放置组件。pack() 函数提供的参数及其取值如表 6-3 所示。

表 6-3　pack()函数提供的参数及其取值

参数	说明	取值
side	停靠在父组件哪一边	top、buttom、left、right
anchor	停靠位置，对应于东南西北及四角	n、s、e、w、nw、sw、se、ne、center（默认值）
fill	填充空间	x、y、both、none'
expand	扩展空间	0 或 1
ipadx、ipady	组件内部在 x/y 方向上填充的空间大小	单位为 c（厘米）、m（毫米）、i（英寸）、p（打印机的点）
padx、pady	组件外部在 x/y 方向上填充的空间大小	单位为 c（厘米）、m（毫米）、i（英寸）、p（打印机的点）

2. grid

grid 几何布局管理器采用表格结构组织组件。调用子组件的函数为 grid()。

子组件的位置由行和列确定的单元格决定，可以跨越多行多列。每一列中的列宽由这一列中最宽的单元格决定。grid 几何布局管理器适合于表格形式的布局，可以实现复杂的界面，因此应用比较广泛。

grid()函数有两个重要的参数：row 和 column。这两个参数用来指定将子组件放置到什么位置。若不指定 row，子组件将放置到第一个可用的行上；若不指定 column，则使用首列，即第 0 列。

grid()函数提供的参数及其取值如表 6-4 所示。

表 6-4　grid()函数提供的参数及其取值

参数	说明	取值
sticky	对齐方式	n、s、e、w、nw、sw、se、ne、center
row	单元格行号	整数，从 0 开始算起
column	单元格列号	整数，从 0 开始算起
rowspan	单元格横跨的行数	整数，rowspan=3 即跨三行
columnspan	单元格横跨的列数	整数，columnspan=2 即跨两列
ipadx、ipady	设置组件里面 x/y 方向空白区域大小	单位为 c（厘米）、m（毫米）、i（英寸）、p（打印机的点）
padx、pady	设置组件周围 x/y 方向空白区域保留大小	单位为 c（厘米）、m（毫米）、i（英寸）、p（打印机的点）

3. place

place 几何布局管理器允许指定组件的大小与位置。调用子组件的函数为 place()。

place 的优点是可以精确控制组件的位置，不足之处是改变窗口大小时，子组件不能随之灵活改变大小。place()函数提供的参数及其取值如表 6-5 所示。

表 6-5　place()函数提供的参数及其取值

参数	说明	取值
anchor	对齐方式，即内容停靠的位置，对应于东南西北及四角	n、s、e、w、nw、sw、se、ne、center（默认值）

续表

参数	说明	取值
x、y	定义本组件左上角在父组件中的绝对位置坐标，父组件的左上角坐标为（0,0），单位为像素	从 0 开始的整数
relx、rely	定义本组件左上角在父组件中的相对位置比例。例如，relx=0.5 表示从父组件 x 方向上 1/2 开始布局	取值范围为 0~1.0
height、width	高度和宽度，单位为像素	实数

6.2.3　标签

标签用于在窗口中显示文本或者位图信息。标签组件常用属性如表 6-6 所示。

表 6-6　标签组件常用属性

属性	说明
anchor	对齐方式，取值为 n、s、e、w、nw、sw、se、ne、center（默认值）
width	宽度
height	高度
compound	指定文本与图像如何在标签上显示，默认为 none。当指定 image/bitmap 时，文本将被覆盖，只显示图像。其可用值有 left、right、top、bottom、center
wraplength	指定多少单位后开始换行，用于显示多行文本
justify	指定多行的对齐方式，其可用值为 left 或 right
image 和 bm	显示自定义图片，如.png、.gif
bitmap	显示内置的位图

在 Tkinter 创建好的窗口中创建组件时，需要调用指定组件的构造函数。例如，创建标签组件的语法格式如下：

```
Label(窗口对象，Label 属性)
```

Label()函数的第一个参数为窗口对象名称，是指在哪个窗口上创建的组件；后面的参数是该组件的相应属性。其他组件的创建方法与之类似。

【例 6-2】　标签组件的应用。窗口标题为"测试 label 组件"，在窗口中建立 3 个标签组件：lab1 显示文本"智能医学概论"，lab2 显示系统内置位图 hourglass，lab3 显示自选图片"智能医学.png"。代码如下：

```
#将 Tkinter 模块所有的类、函数等导入当前程序中
from tkinter import *
win = Tk()                                    #创建一个窗口
win.title("测试 label 组件")                    #给窗口命名
#创建第一个标签 lab1，标签显示文本"智能医学概论"
lab1 = Label(win,text = '智能医学概论')
lab1.pack(anchor = 'nw')                       #显示标签组件
lab2 = Label(win,bitmap ='hourglass' )         #创建第二个标签 lab2
lab2.pack()
bm = PhotoImage(file = r'E:\python 练习\智能医学.png')
lab3 = Label(win,image = bm)                   #创建第三个标签 lab3
```

```
lab3.pack()
win.mainloop()                                         #进入消息循环，显示窗口
```

使用 PhotoImage()函数打开文件时，file 路径前的 r 代表后面遇到的 "\" 不要进行转义，而是原样输出。hourglass 是系统内置的位图，系统内置的位图还有 error、gray75、gray50、gray25、gray12、info、questhead、question 和 warning。运行结果如图 6-2 所示。

图 6-2　例 6-2 运行结果

6.2.4　按钮

按钮上可以显示文本和图像，也可以通过 command 属性将 Python 的函数或方法关联到按钮上。当该按钮被激活时，就可以自动调用该函数或方法。按钮组件常用属性如表 6-7 所示。

表 6-7　按钮组件常用属性

属性	说明
anchor	对齐方式，对应于东南西北及四角，取值为 n、s、e、w、nw、sw、se、ne、center（默认值）
width	设置显示宽度，如未设置此项，其大小适应内容标签
height	设置显示高度，如未设置此项，其大小适应内容标签
compound	指定文本与图像的位置关系
text	显示文本内容
bg	设置背景颜色
fg	设置前景色
bitmap	指定位图
command	指定 Button 的事件处理函数
focus_set	设置当前组件得到焦点
master	代表父窗口
relief	指定外观装饰边界附近的标签，可设置参数：flat、groove、raised、ridge、solid、sunken
state	组件状态：正常（normal）、激活（active）、禁用（disabled）
bd	设置按钮的边框大小，bd（borderwidth）默认为 1 或者 2 个像素

创建按钮组件的语法格式如下：

```
Button 对象 = Button(窗口对象, Button 属性)
```

Button()函数的第一个参数为窗口对象名称，后面的参数是该组件的相应属性。

【例 6-3】　创建一个按钮开关，当单击"开始"按钮后该按钮随即变成"关闭"，单击"关闭"按钮后该按钮随即变成"开始"，初始界面如图 6-3 所示。

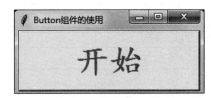

图 6-3　例 6-3 初始界面

在以上程序中，主窗口标题为"Button 组件的使用"，窗口中按钮组件属性设置如下：文本显示"开始"，字体为楷体，字号 36，加粗，前景色 red，宽度为 10，按钮的边框大小为 2 个像素。

代码如下：

```python
from tkinter import *
root = Tk()
root.title('Button 组件的使用')
def g():
    if  b['text'] == '开始':
        b['text'] = '关闭'

    else:
        b['text'] = '开始'
b = Button(root,text='开始',font=('KaiTi',36,'bold'),\
        fg='red',bd=2,width=10,command=g)
b.pack()
root.mainloop()
```

6.2.5　文本框

文本框组件分为单行文本框（Entry）和多行文本框（Text）。单行文本框主要用于输入单行内容和显示文本，可以方便地向程序传递用户参数；多行文本框的使用方法与单行文本框类似，可以输入多行内容和显示文本。以下对单行文本框进行详细介绍。

创建 Entry 对象的语法格式如下：

```
Entry 对象 = Entry（窗口对象,Entry 属性）
```

如果想获取文本框内的输入内容，需要用 get()函数，其语法格式如下：

```
Entry 对象.get()
```

单行文本框组件常用属性如表 6-8 所示。

表 6-8　单行文本框组件常用属性

属性	说明
show	如果设置为字符*，则输入文本框内显示为*，用于密码输入
insertbackgroud	插入光标的颜色，默认为黑色

续表

属性	说明
selectbackground	选中文本的背景色
selectforeground	选中文本的前景色
width	组件的宽度（所占字符数）
bg	设置背景颜色
fg	设置前景色
state	组件状态：正常（normal）、激活（active）、禁用（disabled）

【例 6-4】　创建医生诊疗系统界面，用户名为 cmu，密码为 123456，且当用户名和密码输入正确时弹出"登录成功"提示，当用户名或者密码输入错误时则弹出"用户名或密码输入错误，请重新输入！"提示。密码输入时显示*。代码如下：

```
from tkinter import *
from tkinter import messagebox as msgbox
root = Tk()
root.title('医生诊疗系统')   #设置窗口名称
width = 300
height = 150
screenwidth = root.winfo_screenwidth()
screenheight = root.winfo_screenheight()
alignstr = '%dx%d+%d+%d' % (width, height, (screenwidth-width)/2,
(screenheight-height)/2)
root.geometry(alignstr)
root.resizable(width=False,height=False)        #设置窗口大小不可改变
def Login_click():
    if (username.get() == 'cmu') and (password.get() == '123456'):
        msgbox.showinfo('登录界面','登录成功！')
    else:
        msgbox.showinfo('提示','用户名或密码输入错误，请重新输入！')

Label(root,text='用户名',width=6).place(x=5,y=10)#创建"用户名"标签
username = Entry(root,width=20)                  #创建用户名标签后文本框
username.place(x=55,y=10)
Label(root,text='密码',width=6).place(x=5,y=45)  #创建"密码"标签
password = Entry(root,width=20,show='*')         #创建密码标签后文本框
password.place(x=55,y=45)
Button_Login = Button(root,text='登录',width=18,command=Login_click)
                                                #创建"登录"按钮
Button_Login.place(x=55,y=75)
root.mainloop()
```

为使窗口显示在当前屏幕的中央位置，应获取屏幕的宽度和高度，然后取得变量 alignstr。运行结果如图 6-4 所示，当用户名和密码输入正确时，单击"登录"按钮，弹出登录成功消息窗口；当用户名或密码输入错误时，弹出登录失败消息窗口。获取文本框内容需要用到 get()函数。

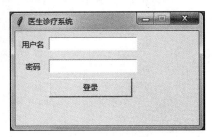

图 6-4　医生诊疗系统登录界面

6.2.6　列表框

列表框（Listbox）组件用于显示多个项目，并且允许用户选择一个或多个项目。列表框组件常用方法如表 6-9 所示。

表 6-9　列表框组件常用方法

常用方法	说明
Listbox(窗口对象)	创建 Listbox 对象
pack()	显示 Listbox 布局
insert(index,item)	插入文本项，index 是插入文本项的位置，在尾部插入用 end，在选中处插入则是 active；item 是要插入的项
curselection ()	返回选中索引，结果为元组。索引号从 0 开始
delete(first,last)	删除文本项，删除指定（first,last）范围的项，不指定 last 则删除 1 个项目
get(first,last)	获取项目内容，获取指定（first,last）范围的项，不指定 last 则返回 1 个项目
size()	获取项目个数
m=StringVar Lisbox 对象=listbbox(root,listvariable=m)	获取列表框内容，需要使用属性 listvariable 为 Listbox 对象指定一个对应的变量，如左侧 m
get()	获得列表框对象中的内容

【例 6-5】　创建如下列表框，选中左侧"可用字段"列表框中的值，单击"添加>>"按钮可以添加到右侧"选定字段"列表框中；也可以选中右侧"选定字段"列表框中的值，单击"删除<<"按钮进行删除。代码如下：

```
from tkinter import *
root = Tk()
root.title('列表框的应用')
#定义"添加>>"按钮上的函数
def callbutton1():
    for i in listb1.curselection():        #遍历选中项
        listb2.insert(0,listb1.get(i))     #添加到右侧列表框中
#定义"删除<<"按钮上的函数
def callbutton2():
    for i in listb2.curselection():        #遍历选中项
        listb2.delete(i)                   #从右侧列表框中删除
li = ['住院号','姓名','性别','出生日期','吸烟否','婚否']
listb1 = Listbox(root)                     #创建左侧列表框
```

```
listb2 = Listbox(root)                    #创建右侧列表框
for item in li:                           #向左边列表框中循环插入选项
    listb1.insert(0,item)
#创建两个标签，并布局在指定行、指定列
Label(root,text='可用字段').grid(row=0,column=1)
Label(root,text='选定字段').grid(row=0,column=3)
listb1.grid(row=1,column=1,rowspan=2)
#创建"添加>>"和"删除<<"两个按钮组件
b1 = Button(root,text='添加>>',command=callbutton1,width=10,bd=3)
b2 = Button(root,text='删除<<',command=callbutton2,width=10,bd=3)
b1.grid(row=1,column=2,rowspan=2)         #对组件 b1 布局
b2.grid(row=2,column=2,rowspan=2)         #对组件 b2 布局
listb2.grid(row=1,column=3,rowspan=2)
root.mainloop()
```

运行结果如图 6-5 所示。

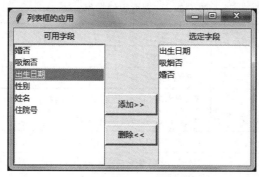

图 6-5   例 6-5 运行结果

6.2.7 单选按钮和复选框

单选按钮（radiobutton）和复选框（checkbutton）分别用于实现选项的单选和复选功能。单选按钮只能选择一项，复选框可选择一项或多项。

1. 单选按钮

（1）创建单选按钮对象

创建单选按钮对象的语法格式如下：

Radiobutton 对象 = Radiobutton（窗口对象，Radiobutton 组件属性）

（2）单选按钮组件的常用属性

1）variable：单选按钮索引变量，通过变量的值确定哪个单选按钮被选中。一组单选按钮使用同一个索引变量。

2）value：单选按钮选中时变量的值。

3）command：单选按钮选中时执行的命令（函数）。

（3）单选按钮组件的方法

1）deselect()：取消选择。

2）select()：选择。

3）invoke()：调用单选按钮指定的回调函数。

2. 复选框

（1）创建复选框对象

创建复选框对象的语法格式如下：

```
Checkbutton 对象= Checkbutton（窗口对象，text=Checkbutton 组件显示的文本，
    command=单击 Checkbutton 按钮所调用的回调函数）
```

（2）复选框组件的常用属性

1）variable：复选框索引变量，通过变量的值确定哪些复选框被选中。每个复选框使用不同的变量，使复选框之间相互独立。

2）onvalue：复选框选中时变量的值。

3）offvalue：复选框未选中时变量的值。

4）command：复选框选中时执行的命令（函数）。

（3）获取复选框的状态

为了获取复选框组件是否被选中，需要使用 variable 属性为复选框组件指定一个对应变量，通过该变量的值来判断当前选中的是复选框组件中的哪个选项。该变量初始化时可以通过 set()函数设置初始值。

【例6-6】　创建一个简单的单选按钮，使用单选按钮组件选择不同的课程。代码如下：

```
from tkinter import *
root = Tk()
Label(root,text='课程名称').place(x=0,y=0)    #创建标签组件
#创建 StringVar 对象，记录单选按钮值
r = StringVar()                              #创建字符变量与 variable 绑定
r.set('2')                                   #设置变量初始值为 2
radio1 = Radiobutton(root,variable=r,value='1',text='大学计算机基础')
#在坐标（x=1,y=20）处显示第一个单选按钮
radio1.place(x=1,y=20)
radio2 = Radiobutton(root,variable=r,value='2',text='医学大数据应用概论')
radio2.place(x=1,y=40)
radio3 = Radiobutton(root,variable=r,value='3',text='虚拟现实与增强现实技术
    导论')
radio3.place(x=1,y=60)
root.mainloop()
```

运行结果如图 6-6 所示。

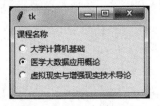

图 6-6　例 6-6 运行结果

【例6-7】　单选按钮和复选框的综合应用。代码如下：

```
from tkinter import *
#选中单选按钮时触发 colorChecked()函数修改颜色
```

```
def colorChecked():
    label_1.config(fg=color.get())
#选中复选按钮时触发typeChecked()函数修改字体
def typeChecked():
    textType = typeUnderline.get()+typeItalic.get()
    if  textType == 1:
        label_1.config(font = ('Arial',12,'underline'))
    elif textType == 2:
        label_1.config(font=('Arial',12,'italic'))

    elif textType == 3:
        label_1.config(font=('Arial', 12, 'underline italic'))
    else:
        label_1.config(font=('Arial',12))
root = Tk()
root.title("测试复选框")
root.geometry('200x200')
color = StringVar()
#定义标签显示指定文本
label_1 = Label(root,text="中国医科大学计算机教研室",\
                height=3,font=('Arial',12))
label_1.pack()
#定义"红色"单选按钮,单选按钮索引变量值为空串,当被选中时为value的值
Radiobutton(root,text='红色',variable = color,value\
    ='red',command=colorChecked).pack(side=LEFT)
#定义"蓝色"单选按钮
Radiobutton(root,text='蓝色',variable = color,value\
    ='blue',command=colorChecked).pack(side=LEFT)
typeUnderline = IntVar()
typeItalic = IntVar()
#定义"下划线"复选框,被选中时onvalue=1
Checkbutton(root,text='下划线',variable=typeUnderline,\
            onvalue=1,offvalue=0,command=typeChecked).pack(side=LEFT)
#定义"斜体"复选框,被选中时onvalue=2
Checkbutton(root,text='斜体',variable=typeItalic,\
            onvalue=2,offvalue=0,command=typeChecked).pack(side=LEFT)
root.mainloop()
```

运行结果如图 6-7 所示。

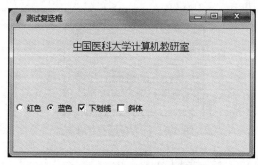

图 6-7　例 6-7 运行结果

6.2.8　菜单

菜单（Menu）是 GUI 中经常用到的组件，菜单包含各种按照主题分组的基本命令，以图标和文字的方式展示可用选项。

1. 创建主菜单

创建菜单对象的语法格式如下：

```
Menu 对象 = Menu（Windows 窗口对象）
```

将 Menu 对象显示在窗口中的语法格式如下：

```
Windows 窗口对象['menu']=Menu 对象
Windows 窗口对象.mainloop()
```

创建一个顶级菜单，需要先创建一个菜单实例，然后将菜单项添加进去，添加方法是 add_command()。

用 add_command()方法添加菜单项，如果要添加的菜单是顶级菜单，则菜单项依次向右添加。该方法有以下几个属性：label 指定菜单的名称，command 表示调用的方法，acceletor 表示快捷键，underline 表示该菜单项是否拥有下划线。其语法格式如下：

```
Menu 对象=add_command(lable=菜单项名称',command=菜单项调用的方法名,…)
```

2. 创建下拉菜单

创建一个下拉菜单的方法与创建主菜单方法类似，最主要的区别就是下拉菜单需要添加到主菜单中，而主菜单需要添加到窗口中。如果该菜单项下有子菜单，则添加下拉菜单的方法是 add_cascade()。例如，创建 Menu 对象 1 的子菜单 Menu 对象 2 的语法格式如下：

```
Menu 对象 1.add_cascade(label=菜单文件,menu=Menu 对象 2)
```

在创建 Menu 对象 2 时也要指定它是 Menu 对象 1 的子菜单，语法格式如下：

```
Menu 对象 2=Menu(Menu 对象 1)
```

【例 6-8】　创建主菜单，主菜单中有"查询"和"退出"两个菜单项。当单击"查询"时弹出下拉菜单"住院号查询"和"科室查询"；当单击"退出"时退出并关闭当前窗口。代码如下：

```
from tkinter import *
root = Tk()                    #创建窗口
root.title("Python Menu")      #添加标题

#定义"退出"菜单项上的函数
def _quit():
    root.quit()                #关闭窗口
    root.destroy()             #将窗口所有组件销毁，内存回收
    exit()
m = Menu(root)                 #在当前窗口创建菜单栏
root['menu'] = m               #将菜单对象 m 显示在当前窗口
#在菜单 m 上创建一个新的菜单对象 selectMenu
selectMenu = Menu(m)
```

```
#在菜单 m 上添加子菜单"查询",并指明 selectMenu 是 m 的子对象
m.add_cascade(label="查询", menu=selectMenu)
#在"查询"菜单下添加 "住院号查询"
selectMenu.add_command(label="住院号查询")
#在"查询"菜单下添加"科室查询"
selectMenu.add_command(label="科室查询")
#在菜单栏中创建一个"退出"菜单项,并绑定_quit()函数
m.add_command(label="退出", command=_quit)
root.mainloop()
```

运行结果图如图 6-8 和图 6-9 所示。

图 6-8　主菜单运行结果

图 6-9　添加下拉菜单运行结果

6.2.9　Canvas 组件

Canvas 组件是一个画布组件,该组件为 Tkinter 提供了绘图功能,其提供的图形组件包括线形、圆形、图片等其他控件。

创建一个 Canvas 对象的语法格式如下:

```
Canvas 对象=Canvas(窗口对象,选项,…)
```

Canvas 组件常用属性如表 6-10 所示。

表 6-10　Canvas 组件常用属性

属性	说明
master	代表父窗口
bg	背景色,如 bg='red',bg='#FF56EF'
fg	前景色,如 fg='red',fg='#FF56EF'
height	设置显示高度。如果未设置此项,其大小适应内容标签
relief	指定外观装饰边界附近的标签,默认是平的,可以设置的参数有 flat、groove、raised、ridge、solid、sunken
width	设置显示宽度。如果未设置此项,其大小适应内容标签
state	设置组件状态:正常(normal)、激活(active)、禁用(disabled)
bd	设置按钮的边框大小。bd(bordwidth)默认为 1 或 2 个像素

Canvas 组件上可以绘制图形对象,如圆弧、线条、矩形、多边形、椭圆、文字及位图和图像。Canvas 组件上绘制各种图形对象的绘制函数如表 6-11 所示。

表 6-11　Canvas 画布绘制函数

函数	说明
create_arc()	绘制圆弧
create_bitmap	绘制位图
create_line	绘制直线
create_oval	绘制椭圆
create_polygon	绘制多边形
create_rectangle	绘制矩形
create_text	绘制文字
create_window	绘制窗口
delete	删除绘制的图形
itemconfig	修改图形属性
move	移动图像
coords(ID)	返回对象的位置的两个坐标（4 个数字元组）

Canvas 组件上的每个绘制对象都有一个标识 id（整数），使用绘制函数创建绘制对象时，返回绘制对象 id。例如：

```
id1=cv.create_line(0,0,200,200,width=2)
```

该语句可以在 Canvas 对象 cv 上绘制一条直线 id1，起点为（0,0），终点为（200,200），线宽为 2。绘制文字对象的方法是 create_text()，具体实例如下：

```
id2.create_text(300,30,text="Canvas 绘制直线",font=("Arial", 18))
```

绘制的文字对象为 id2，（300,30）为文本左上角的 x 坐标和文本左上角的 y 坐标，需要显示的文本内容是"Canvas 绘制直线"，字体是 Arial，字号是 18。

【例 6-9】　创建一个绿色背景的 Canvas 画布，并在画布上绘制一条直线。代码如下：

```
from tkinter import *
root = Tk()
root.title("简单绘画")
root.geometry("400x300")
#width、height:设置画布的宽高，
#bg:设置背景色
can = Canvas(root,width=400,height=300,bg="green")
#绘制一条线[(0,0)为起点位置，(200,200)为终点位置,线宽 width=4]
can.create_line((0,0,200,200),width=4)
#绘制文字，前两个参数为字的位置
can.create_text(300,30,text="Canvas 绘制直线",font=("Arial", 18))
can.pack()                              #布局方式
root.mainloop()                         #进入消息循环
```

运行结果如图 6-10 所示。

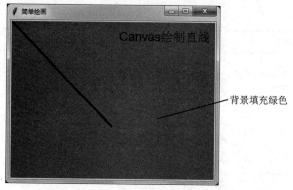

图 6-10　例 6-9 运行结果

6.3　Python 事件处理

6.3.1　事件类型

　　事件是指由用户或系统触发的一个特定的操作。例如，单击命令按钮，将会触发事件。一个对象包含很多个系统预先规定的事件。事件一旦被触发，系统就会执行与该事件对应的程序。程序执行结束后，系统重新处于等待某事件发生的状态，这种程序执行方式称为应用程序的事件驱动工作方式。事件的具体语法格式如下：

```
<[modifier-]>…type[-detail]
```

　　事件类型必须放在<>内。type 描述了事件的类型，如单击、双击、键盘按键；modifier 用于组合键的定义，如 control、alt；detail 用于定义是哪个键或按钮的事件，如 1 表示鼠标左键、2 表示鼠标中键、3 表示鼠标右键。例如：

```
<Button-1>                    #按下鼠标左键
<KeyPress-A>                  #按下 A 键
<Control-Shift-KeyPress-A>   #同时按下了 Control、Shift、A 3 个键
```

　　Python 中的事件主要有键盘事件（表 6-12）、鼠标事件（表 6-13）和窗体事件（表 6-14）。

表 6-12　键盘事件

名称	说明
KeyPress	按下键盘上某个按键时触发，可以在 detail 部分指定哪个键
KeyRelease	释放键盘上某个按键时触发，可以在 detail 部分指定哪个键

表 6-13　鼠标事件

名称	说明
ButtonPress 或者 Button	按下鼠标某键时触发，可以在 detail 部分指定是哪个键
ButtonRelease	释放鼠标某键时触发，可以在 detail 部分指定是哪个键
Motion	选中组件的同时拖动组件移动时触发
Enter	当鼠标指针移动到某组件时触发

续表

名称	说明
Leave	当鼠标指针移动到某组件时触发
MouseWheel	当鼠标滚轮滚动时触发

表 6-14　窗体事件

名称	说明
Visibility	当组件变为可视状态时触发
Unmap	当组件由显示状态变为隐藏状态时触发
Map	当组件由隐藏状态变为显示状态时触发
Expose	当组件从原本被其他组件遮盖的状态中暴露出来时触发
FocusIn	组件获得焦点时触发
FocusOut	组件失去焦点时触发
Configure	当改变组件大小时触发，如拖动窗体边缘
Propertly	当窗体的属性被删除或者改变时触发，属于 TK 的核心事件
Destroy	当组件被销毁时触发

6.3.2　事件处理函数

事件处理函数是响应某个事件而调用的函数，一般带有一个 event 参数。触发事件调用事件处理函数时，将传递 Event 对象实例。其语法格式如下：

```
Def callback(event):
    Showinfo("Python 事件","定义事件处理函数")
```

Event 对象实例可以获取各种相关参数。Event 对象的主要参数属性如表 6-15 所示。

表 6-15　Event 对象的主要参数属性

参数	说明
x、y	鼠标指针相对于组件对象左上角的坐标
x_root、y_root	鼠标指针相对于屏幕左上角的坐标
keysym	字符串命名按键，如 Insert、Delete、Down、Left 等
keysym_num	数字代码命名按键
keycode	键码
time	时间
type	事件类型
widget	触发事件的对应组件
char	字符

6.3.3　事件绑定

程序建立一个处理某一事件的事件处理函数，称为绑定。

1. 创建组件对象时指定

创建组件对象实例时，可以通过命名参数 command 指定事件处理函数。代码如下：

```
Def callback():
     Showinfo('单击按钮这个事件调用的该语句')
Button1 = Button (root,text='设置 command 事件调用命令',command=callback)
Button1.pack()
```

2. 实例绑定

调用组件对象实例方法 bind()可以为指定组件实例绑定事件，这是最常用的事件绑定方法。其语法格式如下：

```
组件对象实例名.bind("<事件类型>",事件处理函数)
```

假设声明一个名为 canvas 的 Canvas 组件对象，如果想在单击时在画布上画一条线，可以按照如下代码实现：

```
canvas.bind("<Button-1>",drawline)
```

其中，bind()函数的第一个参数是事件描述符，指定无论什么时候，在 canvas 上单击时都调用事件处理函数 drawline 执行画线任务。

3. 标识绑定

在 Canvas 组件中绘制各种图形，若将图形与事件绑定，可以使用标识绑定函数 tag_bind()。预先为图形定义标识 tag 后，通过标识 tag 来绑定事件。

【例 6-10】　在 Canvas 组件上绘制一条直线，单击时显示"Line 左键事件"，右击时显示"Line 右键事件"。代码如下：

```
from tkinter import *
root = Tk()
#单击直线时触发事件
def printLine_L(event):
    print('Line 左键事件')
#右击直线时触发事件
def printLine_R(event):
    print('Line 右键事件')
root.title("事件绑定测试")                    #设置窗口名称
Cv = Canvas(root,width=400,height=300)      #设置画布尺寸
Cv.create_line((0,0,200,200),width=4,tag='r1') #绘制直线，标识设为 r1
Cv.tag_bind('r1','<Button-1>',printLine_L)    #绑定图形与单击事件
Cv.tag_bind('r1','<Button-3>',printLine_R)    #绑定图形与右击事件
Cv.pack()
root.mainloop()
```

当单击直线时输出"Line 左键事件"，右击时输出"Line 右键事件"。运行结果如图 6-11 所示。

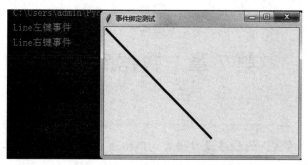

图 6-11　例 6-10 运行结果

小　　结

　　本章主要介绍了 Python GUI 设计, 以 Tkinter 为例介绍了 GUI 常用的组件, 如标签、按钮、列表框等, 最后介绍了 Python 事件处理。通过本章的学习, 读者能够对 Python GUI 编程和 Tkinter 模块有一定的了解和掌握, 为后续章节的学习打下良好的理论基础。

第7章　数据库应用

◥ **导学**

作为一种通用性极强的程序设计语言，Python 在数据库应用领域也有着广泛的应用，受到数据库开发人员的青睐。通过标准数据库接口 Python DB-API，Python 能够支持绝大多数的主流数据库，如 MySQL、Sybase、SQL Server、Oracle、SAP、SQLite 等。本章主要介绍结构化查询语言（structured query language，SQL）、Python 自带的轻量级关系型数据库 SQLite3 的基本使用方法和应用实例，以及 Python 访问主流数据库与存储海量文本数据的方法。

了解：SQLite3 数据库的概念和基本用法、Python 访问主流数据库与存储海量文本数据的方法。

掌握：SQL 语句的基本用法、SQLite3 数据库访问和编程方法。

数据库作为对大量信息进行存储、处理和管理的技术应用，从 20 世纪 60 年代后期诞生以来得到了迅速发展。目前，绝大多数的计算机应用系统离不开数据库技术的支持。近些年，Python 成为数据库技术应用的佼佼者。

7.1　结构化查询语言

SQL 是通用的、非过程化的关系型数据库操作语言。SQL 集数据定义、数据操作、数据控制三大功能于一体，可以完成数据库开发过程中的绝大部分工作。

7.1.1　SQL 基本语句

1. 创建表

CREATE TABLE 语句用于创建数据库中的表，其语法格式如下：

```
CREATE TABLE 表名 (字段名1 数据类型,字段名2 数据类型,字段名3 数据类型,…)
```

例如，创建名为 student 的表，包含 id、name、nickname、age、sex、address 6 个字段。代码如下：

```
create table student(id integer primary key,name varchar(10) UNIQUE,
    nickname text NULL,age integer,sex varchar(6),address varchar(20))
```

其中 id 是主键，name 是不可以重复的，nickname 默认为 NULL。

2. 删除表

DROP TABLE 语句用于删除表（表的结构及索引也会被删除），其语法格式如下：

```
DROP TABLE 表名
```

例如，删除 student 表。代码如下：

```
drop table student
```

3. 清空表

DELETE FROM 语句用于清空（全部删除）表中的记录，其语法格式如下：

```
DELETE FROM 表名 WHERE 条件表达式
```

例如，清空 student 表中的所有记录。代码如下：

```
delete from student
```

4. 插入记录

INSERT INTO 语句用于向表中插入新的记录，其语法格式如下：

```
INSERT INTO 表名 (字段名1,字段名2,字段名3,…) VALUES(值1,值2,值3,…)
```

例如，向 student 表中插入一条新纪录，id=1，name='Jame'，nickname='mio'，age=25，sex='male'，address='New York'。代码如下：

```
insert into student values(1,'Jame', 'mio',25,'male','New York')
```

5. 更新记录

UPDATE 语句用于更新表中的数据，其语法格式如下：

```
UPDATE 表名 SET 字段名=新值 WHERE 条件表达式
```

例如，将 student 表中 id 为 1 的记录的 name 字段值更新为 Tom。代码如下：

```
update student set name = 'Tom' where id = 1
```

7.1.2　SQL 查询语句

SQL 查询语句的基本语法格式如下：

```
SELECT 字段名表 FROM 表名 WHERE 查询条件 GROUP BY 分组字段 ORDER BY 排序字段
    [ASC|DESC]
```

1. 字段名表

字段名表指出所查询的字段，它可以由一组字段、*、表达式、变量等构成。

例如，查询 student 表中所有字段的数据。代码如下：

```
select * from student
```

2. WHERE 子句

WHERE 子句设置查询条件，过滤掉不需要的记录。WHERE 子句可包括以下条件运算符：

1）比较运算符（比较大小）：>、>=、<、<=、=、<>、!>、!<。

例如，查找 student 中姓名为 Tom 的 id 号。代码如下：

```
select id from student where name = 'Tom'
```

2）范围运算符（表达式是否在指定的范围内）：BETWEEN…AND…、NOT BETWEEN…AND…。

例如，查找 student 中年龄在 20～25 岁的学生姓名。代码如下：

```
select name from student where age between 20 and 25
```

3）列表运算符（判断表达式是否为列表中的指定项）：IN(项 1，项 2，…)、NOT IN(项 1，项 2，…)。

例如，查找 student 中地址是 New York 或 Los Angeles 的学生姓名。代码如下：

```
select name from student where address in('New York', 'Los Angeles')
```

4）逻辑运算符（用于逻辑运算）：NOT、AND、OR。

例如，查找 student 中年龄大于 20 岁的女性姓名。代码如下：

```
select name from student where age>20 and sex = 'female'
```

5）模式匹配运算符（判断值是否与指定的字符通配符格式相符）：LIKE、NOT LIKE。

例如，查找 student 中所有姓名以 S 开头的学生信息。代码如下：

```
select * from student where name like 'S%'
```

说明：%可匹配任意类型和长度的字符，如果是中文，使用 2 个%即可。

3. 数据分组

GROUP BY 子句用于将查询到的数据依据某个字段的值进行分组。

例如，分别统计 student 表中男女学生的平均年龄。代码如下：

```
select sex,avg(age) as avg_age from student group by sex
```

这里 AVG(字段名)是库函数，常用的库函数及其功能如表 7-1 所示。

表 7-1 常用库函数及其功能

函数	功能
COUNT()	求查询结果的记录数
SUM()	求指定数值型字段的总和
AVG()	求指定数值型字段的平均值
MAX()	求指定字段的最大值
MIN()	求指定字段的最小值

4. 查询结果排序

使用 ORDER BY 子句对查询返回的结果按照一个字段或多个字段排序。

例如，查找 student 表的姓名、性别、年龄字段，查询结果按照年龄降序排序。代码如下：

```
select name,sex,age from student order by age DESC
```

7.2 SQLite3 数据库基础

1. SQLite3 简介

SQLite3 是一款轻量级的嵌入式关系型数据库，由 C 语言编写，支持 Windows/Linux/UNIX 等主流操作系统。SQLite3 体积小、易使用、可移植性强、高效而且可靠，广泛用于移动终端数据库的开发，如 Android、IOS 开发等。Python 程序自身集成了 SQLite3 数据库，可以直接访问。

2. SQLite3 的特点

1）体积小。SQLite3 最低只需要几百 KB 的内存就可以运行。

2）性能高。SQLite3 对数据库的访问性能高，其运行速度远快于 MySQL、PostgreSQL 等开源数据库。

3）支持 SQL。SQLite3 支持 ANSI SQL92 中的大多数标准，提供了对子查询、视图、触发器等机制的支持。

4）可移植性强。SQLite3 无须安装，就能在 Windows、Linux、BSD、Mac OS、Solaries 等软件平台中运行。

5）接口丰富。SQLite3 为 Python、C、Java、PHP 等多种程序设计语言提供了应用程序接口（application program interface，API），所有的应用程序都必须通过接口访问 SQLite 数据库。

3. SQLite3 的存储类型和数据类型

SQLite3 采用动态的数据类型系统，会根据存入值自动判断数据类型，其动态数据类型能够向后兼容其他数据库普遍采用的静态类型。每个存储在 SQLite3 数据库中的值都是表 7-2 中的一种存储类型。

表 7-2 SQLite3 的存储类型

存储类型	说明
NULL	空值
INTEGER	带符号的整数，根据存入数值的大小占据 1、2、3、4、6 或 8 字节
REAL	浮点值，采用 8B（双精度）的 IEEE 格式表示
TEXT	字符串文本，使用数据库编码（UTF-8、UTF-16BE 或 UTF-16LE）存储
BLOB	二进制大对象，如图片、音乐、zip 文件

实际上，SQLite3 也支持表 7-2 所示的数据类型。这些数据类型在运算或保存时会转换成表 7-2 所列出的 5 种存储类型之一。

SQLite3 使用的是弱数据类型（表 7-3），除了被声明为主键的 INTEGER 类型的字段外，允许保存任何类型的数据到所要保存的任何表的任何字段中。也就是说，数据的类型是由要存储的数值自身决定的，与字段的类型声明无关。但是为了代码的可阅读性及兼容其他数据库引擎，不建议省略字段的类型声明。

表 7-3 SQLite3 支持的数据类型

数据类型	说明
smallint	16 位整数
interger	32 位整数
decimal(p,s)	p 是精确值，s 是小数位
float	32 位实数

续表

数据类型	说明
double	64 位实数
char(n)	长度为 n 的字符串，n 不能超过 254
varchar(n)	长度不固定且其最大长度为 n 的字符串，n 不能超过 4000
graphic(n)	和 char(n) 一样，即长度为 n 的字符串，但是以两个字符为单位，n 不能超过 127（中文字）
vargraphic(n)	可变长度且最大长度为 n
date	包含年、月、日
time	包含时、分、秒
timestamp	包含年、月、日、时、分、秒、千分之一秒

7.3　Python 的 SQLite3 数据库编程

Python 2.5 以上版本内置了 SQLite3，在 Python 中使用 SQLite3，不需要安装任何软件，可直接使用。

7.3.1　访问数据库的步骤

1. 创建 SQLite3 数据库

可以使用可视化工具如 SQLite Manager（在网上能够下载各种版本的 SQLite Manager）创建 SQLite3 数据库，如图 7-1 所示。

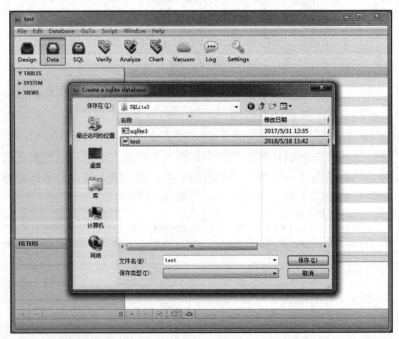

图 7-1　使用 SQLite Manager 工具创建 SQLite3 数据库

2. 使用 SQLite3 数据库

要在 Python 中使用 SQLite3 数据库，需要执行以下几个关键步骤。

1）导入 SQLite3 数据库模块。Python 自带 SQLite3 模块，可直接导入。代码如下：

```
import sqlite3
```

2）建立数据库连接，返回数据库连接对象。使用 connect()函数建立数据库连接，生成一个 connect 对象，以供数据库操作。代码如下：

```
conn = sqlite3.connect(数据库名称)
```

说明：connect 对象有如下方法。

① cursor()：创建游标对象。

② commit()：提交当前事务。数据库执行增、删、改后必须执行 commit，否则操作无效。

③ rollback()：取消当前事务。

④ close()：关闭此 connect 对象，关闭后无法再进行操作，除非再次创建连接。

这里的事务可以认为是一整套操作，只要有一处纰漏就作废。

3）创建游标对象。游标是一种能从多条记录的结果集中每次提取一条记录的机制。代码如下：

```
cur = conn.cursor()
```

cursor 对象有如下方法。

① excute(sql)：执行 SQL 语句。

② excute(sql,parameters)：执行带参数的 SQL 语句。

③ excutemany(sql, seq_of_parameters)：根据参数执行多次 SQL 语句。

④ excutescript(sql_script)：执行 SQL 脚本。

⑤ fetchone()：返回结果集的下一行，无数据时返回 None。

⑥ fetchmany()：返回结果集的多行，无数据时返回空 List。

⑦ fetchall()：返回结果集中剩下的所有行，无数据时返回空 List。

⑧ close()：关闭此游标对象。

4）数据库的提交或回滚。提交数据库代码如下：

```
conn.commit()
```

回滚数据库代码如下：

```
conn.rollback()
```

5）关闭游标对象和数据库连接对象。关闭游标对象代码如下：

```
cur.close()
```

关闭数据库连接对象代码如下：

```
conn.close()
```

7.3.2　数据库应用实例

本实例设计了一个学生管理信息系统，实现学生信息录入、学生选课、学生信息和选课情况查询的功能。

1. 学生信息录入模块

代码如下：

```
import sqlite3                              #导入 SQLite3 数据库接口模块
cx = sqlite3.connect('D:/student.db')       #连接数据库 student.db
cx.execute( '''CREATE TABLE StudentTable(   #创建 StudentTable 表

    ID          INTEGER    PRIMARY KEY    AUTOINCREMENT,
    StuId       INTEGER    NOT NULL,
    NAME        TEXT       NOT NULL,
    CLASS       INT        NOT NULL
);''')
print("Table created successfully!")        #显示创建成功信息
cx.execute('''CREATE TABLE CourseTable  (   #创建 CourseTable 表
    CourseId        INT        NOT NULL,
    Name            TEXT       NOT NULL,
    Teacher         TEXT       NOT NULL,
    Classroom       TEXT       NOT NULL,
    StartTime       CHAR(11)   NOT NULL,
    EndTime         CHAR(11)   NOT NULL
);''')
cu = cx.cursor()                            #创建游标对象
CourseTable = [('1', 'Qt', 'ming', 602, 'Monday9:00', 'Monday11:00'),
            ('2', 'Linux', 'han', 605, 'Friday13:20', 'Friday14:20'),
            ('3', 'sqlite3', 'hah', 608, 'Thursday15:00', 'Thursday17:00'),]
cu.executemany("insert into CourseTable values(?, ?, ?, ?, ?, ?)",
  CourseTable)                              #插入课程信息
cx.commit()
print("Table created successfully!")        #显示插入成功信息
cx.execute('''CREATE TABLE XuankeTable(     #创建 XuankeTable 表
    ID      INTEGER    PRIMARY KEY    AUTOINCREMENT,
    StuId       INT    NOT NULL,
    CourseId    INT    NOT NULL
);''')
print("Table created successfully")         #显示创建成功信息
def insert_stu():                           #插入学生信息
    cu = cx.cursor()
    stu_id = input("请输入学生学号:")
    cu.execute("select StuId from StudentTable where StuId =%s" % (stu_id))
    row = cu.fetchone()
    if row:
        print("Sorry,该学号已存在，请重新输入")
    else:
        stu_name = input("请输入学生姓名")
        stu_class = input("请输入学生班级")
        sql1 = "insert into StudentTable(StuId, NAME, CLASS)"
        sql1 += " values(%s, '%s', %s) "%(stu_id, stu_name, stu_class)
        cu.execute(sql1)
        cx.commit()
```

```
        print("恭喜你，学生录入成功！")
    cu.close()
```

运行结果如图 7-2 所示。

```
请输入学生学号:001
请输入学生姓名Mike
请输入学生班级1
恭喜你，学生录入成功!
```

图 7-2　学生信息录入模块运行结果

2. 学生选课模块

代码如下：

```
def xuanke():                                    #处理学生选课
    cu = cx.cursor()
    stu_id = input("请输入要选课的学生学号:")
    sql2 = "select StuId from StudentTable where StuId =%s"%(stu_id)
    cu.execute(sql2)
    row = cu.fetchone()
    if row:
sql3 = "select CourseId, Name, Teacher, Classroom, StartTime, EndTime from
  CourseTable"
cu.execute(sql3)
        rows = cu.fetchall()
        for row in rows:
            print("CourseId = ", row[0])
            print("Name = ", row[1])
            print("Teacher = ", row[2])
            print("Classroom = ", row[3])
            print("StartTime = ", row[4])
            print("EndTime = ", row[5], "\n")
        cou_id = input("请输入要选的课程号是:")
        sql0 = "select CourseId from CourseTable where CourseId = %s"%(cou_id)
        cu.execute(sql0)
        row = cu.fetchone()
        if row:
            '''sql = "select StuId CourseId from XuankeTable"
            sql += "where CourseId = %s and StuId = %s"%(cou_id,stu_id)
            cu.execute(sql)
            row = cu.fetchone()
            if row:
                print("该课程已选，不能重复选课！")
            else:'''
            sql3 = "insert into XuankeTable (stuId,CourseId) values(%s,%s)"%
              (stu_id,cou_id)
            cu.execute(sql3)
            cx.commit()
            print("恭喜你，选课成功！")
```

```
        else:
            print("Sorry，该课程不存在！")
    else:
        print("Sorry,没有该学生号！")
    cu.close()
```

运行结果如图 7-3 所示。

```
请输入要选课的学生学号:001
CourseId =  1
Name =  Qt
Teacher =  ming
Classroom =  602
StartTime =  Monday9:00
EndTime =  Monday11:00

CourseId =  2
Name =  Linux
Teacher =  han
Classroom =  605
StartTime =  Friday13:20
EndTime =  Friday14:20

CourseId =  3
Name =  sqlite3
Teacher =  hah
Classroom =  608
StartTime =  Thursday15:00
EndTime =  Thursday17:00

请输入要选的课程号是:2
恭喜你,选课成功!
```

图 7-3　学生选课模块运行结果

3. 学生信息查询和选课情况查询模块

代码如下：

```
def stu_id_search():                    #通过学生 id 查询学生信息
    cu = cx.cursor()
    search_stu_id = input("请输入要查询的学号:")
    sql4 = "select ID,StuId,NAME,CLASS from StudentTable where
      StuId=%s"%(search_stu_id)
    cu.execute(sql4)
    row = cu.fetchone()
    cx.commit()
    if row:
        sql5 = "select ID,StuId,NAME,CLASS from StudentTable"
          cu.execute(sql5)
        rows = cu.fetchall()
        for row in rows:
            print("---------")
            print("您要查询的学生信息为:")
            print("ID=",row[0])
            print("StuId",row[1])
```

```
                        print("NAME=",row[2])
print("CLASS = ",row[3],"\n")
    else:
        print("Sorry, 没有该学生信息！")
    cu.close()


def stu_id_cou():                    #通过学生 id 查询课程信息
    cu = cx.cursor()
    stu_id = input("请输入要查询学生号：")
    sql5 = "select StuId from StudentTable where stuId =%s"%(stu_id)
    cu.execute(sql5)
    row = cu.fetchall()
    if row:
        sql6 = "select * from XuankeTable a left join CourseTable b on
            a.CourseId=b.CourseId"
        cu.execute(sql6)
        rows = cu.fetchall()
        for row in rows:
            print("该学生所选课程为：")
            print("StuId = ",row[1])
            print("CourseId = ",row[2])
            print("Name = ", row[4])
            print("Teacher = ", row[5])
            print("Classroon =",row[6])
            print("StartTime = ",row[7])
            print("EndTime = ", row[8], "\n")
            print("-----------------")
    else:
        print("sorry,没有该学生选课信息!")
    cu.close()


def cou_id_serach():                    #通过课程 id 查询课程信息
    cu = cx.cursor()
    cou_id = input("请输入要查询的课程号:")
    sql7 = "select CourseId,Name,Teacher,Classroom,StartTime,EndTime
     from CourseTable where CourseId = %s"%(cou_id)
cu.execute(sql7)
    row = cu.fetchone()
    if row:
        print("您要查询的课程信息为:")
        print("CourseId = ", row[0])
        print("Name = ", row[1])
        print("Teacher = ", row[2])
        print("Classroom = ", row[3])
        print("StartTime = ",row[4])
        print("EndTime = ", row[5], "\n")
    else:
        print("Sorry,没有该课程信息！")
    cu.close()
```

```
def cou_id_stu():                          #通过课程 id 查询所选学生信息
    cu = cx.cursor()
    cou_id = input("请输入课程号:")
    sql8 = "select CourseId from XuankeTable where CourseId =%s"%(cou_id)
    cu.execute(sql8)
    row = cu.fetchone()
    if row:
        sql9 = "select * from XuankeTable a left join StudentTable b on
         a.StuId=b.StuId"
        cu.execute(sql9)
        rows = cu.fetchall()
        for row in rows:
            print("------------------------------")
            print("选择该课程的学生为: ")
            print("StuId = ", row[1])
            print("NAME = ", row[5])
            print("CLASS = ", row[6], "\n")
    else:
        print("Sorry，没有该课程信息! ")
    cu.close()
```

运行结果如图 7-4 所示。

```
请输入要查询的课程号:1
您要查询的课程信息为:
CourseId =  1
Name =  Qt
Teacher =  ming
Classroom =  602
StartTime =  Monday9:00
EndTime =  Monday11:00
```

图 7-4　学生信息查询和选课情况查询模块运行结果

（按课程号查看课程信息）

4. 界面设计模块

代码如下：

```
def menu():                                #定义运行界面，供用户选择
    print("1.进入学生信息系统（学生信息录入）")
    print("2.进入学生选课系统（学生选课操作）")
    print("3.进入学生选课信息系统（学生信息查询和选课情况查询）")
    print("4.退出程序")
def student():
    print("1.录入学生信息")
    print("2.返回主菜单")
def Course():
    print("1.开始选课")
    print("2.返回主菜单")
def information():
    print("1.按学号查询学生信息")
    print("2.按学号查看学生选课课程列表")
```

```python
        print("3.按课程号查看课程信息")
        print("4.按课程号查看选课学生列表")
        print("5.返回主菜单")
while True:
    menu()
    print("----------------------")
    x = input("请输入您的选择菜单号:")
    if x == '1':                        #进入学生信息录入系统
        student()
        stu = input("您已进入学生录入系统，请再次输入选择菜单:")
        print("----------------------")
        if stu == '1':
            insert_stu()
            continue
        if stu == '2':
            continue
        else:
            print("输入的选项不存在，请重新输入！")
            continue
    if x == '2':                        #进入选课信息系统
        Course()
        cou = input("您已进入学生选课系统，请再次输入选择菜单：")
        print("------------------")
        if cou == '1':
            xuanke()
            continue
    if cou == '2':
        continue
    else:
        print("输入的选项不存在，请重新输入！")
        continue
    if x == '3':                        #进入学生选课信息系统
        information()
        inf = input("您已进入学生选课信息系统，请再次输入选择菜单：")
        print("------------------")
        if inf == '1':
            stu_id_search()
            continue
        if inf == '2':
            stu_id_cou()
            continue
        if inf == '3':
            cou_id_serach()
            continue
        if inf == '4':
            cou_id_stu()
        else:
            print("输入的选项不存在，请重新输入！")
            continue
    if x == '4':                        #退出系统
```

```
        print("谢谢使用")
        exit()
    else:
        print("输入的选项不存在，请重新输入！")
        continue
```

主程序菜单运行界面如图 7-5 所示。

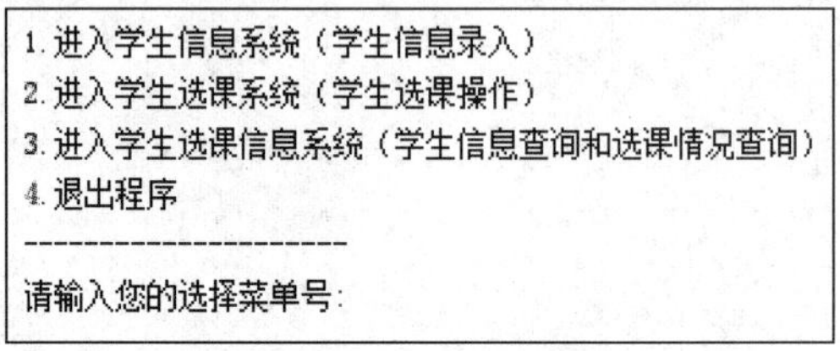

```
1. 进入学生信息系统（学生信息录入）
2. 进入学生选课系统（学生选课操作）
3. 进入学生选课信息系统（学生信息查询和选课情况查询）
4. 退出程序
---------------------
请输入您的选择菜单号：
```

图 7-5　主程序菜单运行界面

7.4　Python 访问主流数据库和存储海量文本数据

7.4.1　Python 访问主流数据库

Python 可以通过数据库接口直接访问各种类型的数据库，该数据库接口被称为 Python DB-API。DB-API 是一个规范，它定义了一系列必需的对象和数据库存取方式，以便为各种各样的底层数据库系统和多种多样的数据库接口程序提供一致的访问接口。

【例 7-1】 Python 连接 Oracle 数据库。代码如下：

```
pip install cx_Oracle                    #安装 Oracle 数据库接口模块
import cx_Oracle                         #导入 Oracle 数据库接口模块
# 连接数据库,参数：用户名/密码@服务器 ip:端口号/实例名
conn = cx_Oracle.connect('py/password@192.168.4.196:1521/ORCL')
cursor = conn.cursor()                   #创建游标对象
#执行 SQL
sql = "select * from test"
cursor.execute(sql)
data = cursor.fetchall()                 #获得查询结果
print(data)                              #输出查询结果
cursor.close()
conn.commit()                            #提交事务
conn.close()                             #关闭数据库连接
```

【例 7-2】 Python 连接 MySQL 数据库。代码如下：

```
pip install pymysql                      #安装 MySQL 数据库接口模块
import pymysql                           #导入 MySQL 数据库接口模块
#连接数据库,host 为服务器 IP,user 为用户名,password 为密码,database 为数据库名
conn = pymysql.connect(host='192.168.4.196', user='root', password='password',
  database='test')
cur = conn.cursor()                      #创建游标对象
#执行 SQL
cur.execute("insert into test_py(id,user_account) values('100','admin')")
cur.execute("update test_py set user_account = 'test6' where id='123'")
```

```
conn.commit()                          #提交事务
#执行 SQL
cur.execute("select * from test_py")
row = cur.fetchall()                   #获得查询结果
print(row)                             #输出查询结果
conn.close()                           #关闭数据库连接
```

【例 7-3】　Python 连接 SQL Server 数据库。代码如下：

```
pip install pymssql                    #安装 SQL Server 数据库接口模块
import pymssql                         #导入 SQL Server 数据库接口模块
#连接数据库,host 为服务器 IP\\实例名 ，user 为用户名, password 为密码, database
  为数据库名
conn = pymssql.connect(host='192.168.4.196\\amsys', user='sa', password='123',
  database='test')
cur = conn.cursor()                    #创建游标对象
#执行 SQL
cur.execute("insert into test_py(id,user_account) values('100861','admin')")
cur.execute("update test_py  set user_account = 'test6' where id='123'")
conn.commit()                          #提交事务
#执行 SQL
cur.execute("select * from test_py")
row = cur.fetchall()                   #获得查询结果
print(row)                             #输出查询结果
conn.close()                           #关闭数据库连接
```

【例 7-4】　Python 连接 MongoDB 数据库。代码如下：

```
pip install pymongo                    #安装 MongoDB 数据库接口模块
import pymongo                         #导入 MongoDB 数据库接口模块
#调用 PyMongo 库中的 MongoClient, 传入 MongoDB 的 IP 及端口, 其中第一个参数为
#地址 host, 第二个参数为端口 port（如果不给它传递参数, 默认是 27017）
client = pymongo.MongoClient(host='localhost', port=27017)
db = client.test                      #指定数据库
collection = db.students              #指定集合, 集合类似于关系型数据库中的表
    collection = db['students']
#新建一条学生数据, 这条数据以字典形式表示
student = {
      'id': '20170101',
      'name': 'Jordan',
      'age': 20,
      'gender': 'male'
  }
#插入数据
    result = collection.insert_one(student)
#输出结果
  print(result)
```

7.4.2　Python 存储海量文本数据

对于已有的海量文本数据，Python 可以调用 MongoDB 数据库进行结构化的存储。例如，读取一个本地含有大量文本的.txt 文档的所有内容，然后文本数据结构化，并存

储每行的文字数。代码如下：

```
pip install pymongo                              #安装 MongoDB 数据库接口模块
import pymongo                                   #导入 MongoDB 数据库接口模块
#获取本地端口，激活 Mongo 客户端
client = pymongo.MongoClient('localhost',27017)
mydata = client['mydata']                        #创建一个数据库
sheet_tab_one = mydata['sheet_tab_one']          #创建一个表
#处理一个本地的含有海量文本的.txt 文档，把文本内容全部读取，然后文本数据结构化，并存
   储每行的文字数
#/Users/Cmucc/Bigdata/含有文本内容的文本文件.txt
path = '/Users/Cmucc/Bigdata/网络爬虫数据.txt'
with open(path,'r') as f:
    lines = f.readlines()
    for index,line in enumerate(lines):
        if len(line.split())>0 :
            data = {
                'index':index,
                'line':line,
                'words':len(line.split())
            }
            print(data)
#向表中插入数据的方法为 insert_one()，该方法不清除原有的数据，会重复添加
            sheet_tab_one.insert_one(data)
#展示数据库中的数据，$lt $lte $gt $gte $ne，依次等价于<、<=、>、>=、!=，l 表示 less，
#g 表示 greater，e 表示 equal，n 表示 not
for item in sheet_tab_one.find({'index':{'$lt':5}}):
    print(item)
```

小　　结

作为一款通用性极强的程序开发语言，Python 支持绝大多数的主流数据库接口。用户可以根据自己的项目需要选择合适的数据库，然后在 Python DB-API 中下载安装对应的接口插件。Python 对数据库的访问流程大致如下：首先引入数据库 API 模块，然后进行数据库连接，再执行 SQL 语句或者存储过程，最后关闭数据库连接。通过本章的学习，用户能够基本掌握数据库、SQL 及 SQLite3 的相关知识，并能够开发小型的 Python 数据库应用项目。

第8章 网络和多线程

❖ 导学

使用 Python 进行网络编程，即利用 Python 提供的网络通信模块，让不同计算机上的软件能够进行数据传输，即进程之间的通信。Python 提供了访问底层网络 socket 接口的全部方法，利用 socket 对象在通信双方之间建立了相互传递数据的管道。本章介绍 Python 网络编程的概念和 socket 程序开发流程，以及常用的两种通信协议传输控制协议（transmission control protocal，TCP）、用户数据报协议（user datagram protocol，UDP）的网络类型的编程，同时介绍多线程编程的基本思想和线程同步方法。

了解： 网络协议、客户端/服务器架构、socket、基本的网络基础知识、多线程基本概念。

掌握： socket 编程方法、TCP 和 UDP 编程、多线程创建、多线程并发控制。

利用 Python 进行网络和多线程编程，不用深入理解复杂的网络协议原理和多线程技术，简化了程序的开发步骤，大大提高了开发效率。

8.1 网络编程基础

8.1.1 客户端和服务器

服务器可以向一个或多个客户端提供所需要的"服务"。服务器等待客户的请求，给这些客户服务，然后等待其他的请求。例如，Web 服务器存放一些网页或 Web 应用程序，启动服务器等待客户端请求，把网页发给客户端的浏览器。服务器再等待下一个客户端请求，如果没有关机或外界的干扰，服务器可以长时间稳定地运行。另外，客户端可以连上一个服务器，提出自己的请求，发送必要的数据，然后等待服务器的完成请求或说明失败原因的反馈。服务器可以不停地处理客户端的请求，而客户端一次只能提出一个服务的请求，等待结果。只有结束一个请求处理后，客户端才可以再提出其他的请求，只是该请求会被视为另一个不同的事务。网络编程正是基于客户端/服务器模型的应用，如图 8-1 所示。

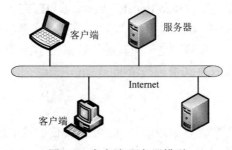

图 8-1 客户端/服务器模型

8.1.2 IP

在互联网上浏览网页、QQ 聊天、收发邮件等需要不同主机之间的通信。通信的双方必须要知道对方的网络标识。在互联网中利用 IP 地址可以唯一标识每台联网的主机。IP 地址是 IP 提供的一种统一的地址格式，它为互联网上的每一个网络和每一台主机分配一个逻辑地址，以此来屏蔽物理地址的差异。常见的 IP 地址分为 IPv4 与 IPv6 两大类。

IPv4 中规定 IP 地址长度为 32 位，一般的写法为 4 组用小数点分开的十进制数，如192.168.100.10。

IPv6 是用于替代现行的 IPv4 的下一代 IP。IPv6 地址长度为 128 位，通常写作 8 组，每组为 4 个十六进制数的形式，如 FE80:0000:0000:0000:AAAA:0000:00C2:0002。

IP 通过网络在不同的主机间进行数据传输。数据被分割成很多数据包的形式，IP规定了数据传输时的基本单元和格式，还定义了数据包的递交办法和路由选择。

8.1.3 端口

一台拥有 IP 地址的主机可以运行许多网络程序，如浏览器、电子邮件等，这些程序完全可以通过一个 IP 地址来访问。外部主机需要区分不同网络程序，就通过端口号来进行标识。端口号相当于每个程序的门牌号。每个网络程序都向操作系统申请唯一的端口号，两个进程在两台计算机之间建立网络连接就需要各自的 IP 地址和各自的端口号。端口号按照一定的规则进行分配。

系统保留端口（0～1023）：这些端口都有确切的定义，对应着 Internet 上常见的一些服务，如 80 端口代表 Web 服务，21 端口代表文件传输协议（file transfer protocol，FTP），25 端口代表简单邮件传输协议（simple mail transfer protocol，SMTP），110 端口代表邮局协议版本 3（post-office protocol-version 3，POP3）等。

动态端口（1024～65535）：这些端口一般不固定分配某种服务，当系统程序或应用程序需要网络通信时，主机从可用的端口号中分配一个供其使用。当程序关闭时，同步释放占用的端口号。

8.1.4 TCP 和 UDP

TCP 是基于 IP 的面向连接的协议，即在和对方通信正式收发数据前必须和对方建立可靠的连接，保证数据包按顺序到达。对可靠性要求高的数据通信系统往往使用 TCP，如 FTP、超文本传输协议（hypertext transfer protocol，HTTP）等。

UDP 是面向非连接的通信协议，不必与对方先建立连接，不管对方状态直接发送数据，也不能保证数据包能否正确到达，但其通信效率比 TCP 高。例如，QQ 就使用 UDP发送消息，有时会出现接收不到消息的情况。

8.1.5 socket

socket 通常称为套接字，是应用层与 TCP/IP 协议族通信的中间软件抽象层，它是一组接口，以使不同主机或同一主机上的不同进程进行通信。它把复杂的 TCP/IP 协议族隐藏在 socket 接口后面，对用户来说无须深入理解 TCP 和 UDP，因为 socket 已经封装好了，用户只需要遵循 socket 的规定编写程序，就可以实现网络通信功能。socket 抽象层在网络模型中的功能如图 8-2 所示。

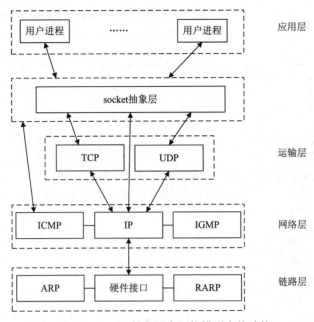

图 8-2　socket 抽象层在网络模型中的功能

通常用一个 socket 表示打开一个网络链接，指定通信协议的类型是 TCP 还是 UDP。在 Python 中，socket 模块中的 socket ()函数被用来创建套接字。其语法格式如下：

```
socket (socket_family, socket_type[, protocol])
```

各参数含义如下。

1）family：套接字家族，可以使用 AF_UNIX 或者 AF_INET，如表 8-1 所示。

2）type：套接字类型，可以根据是面向连接的还是非连接的分为 SOCK_STREAM 和 SOCK_DGRAM，如表 8-2 所示。

3）protocol：一般不填，默认为 0。

表 8-1　family 常用参数

family 参数	说明
socket.AF_UNIX	只能够用于单一的 UNIX 系统进程间通信
socket.AF_INET	服务器之间网络通信
socket.AF_INET6	IPv6

表 8-2　type 常用参数

type 参数	说明
socket.SOCK_STREAM	流式 socket，当使用 TCP 时选择此参数
socket.SOCK_DGRAM	数据报式 socket，当使用 UDP 时选择此参数

续表

type 参数	说明
socket.SOCK_RAW	原始套接字。首先，普通的套接字无法处理互联网控制消息协议（Internet control message protocol，ICMP）、互联网组管理协议（Internet group management protocol，IGMP）等网络报文，而 SOCK_RAW 可以；其次，SOCK_RAW 可以处理特殊的 IPv4 报文；此外，利用原始套接字，可通过 IP_HDRINCL 套接字选项由用户构造 IP 头
socket.SOCK_SEQPACKET	可靠的连续数据包服务

1. 创建 TCP 的 socket

创建 TCP 的 socket 的语法格式如下：

```
import socket
s=socket.socket(socket.AF_INET,socket.SOCK_STREAM)
```

TCP 类型套接字 socket 在通信前需要建立连接，这种连接是较为可靠的。图 8-3 所示为面向连接的 TCP 时序图。

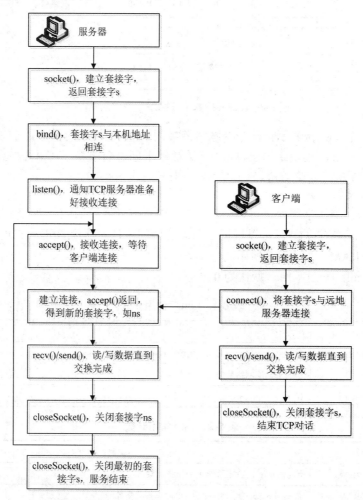

图 8-3 面向连接的 TCP 时序图

服务器和客户端建立通信过程时，需要服务器端先调用 socket()函数建立一个套接字 socket 并进行初始化，然后利用 bind()函数与本机指定的端口绑定，调用 listen()函数监听处于准备接收连接状态的端口。在这时如果有一个客户端初始化一个 socket，则可以调用 connect()函数连接服务器，服务器调用 accept()函数接收用户连接，客户端与服务器的连接就建立了。客户端发送数据请求，服务器接收、处理请求，然后把回应数据发送给客户端。客户端读取数据，最后调用 closeSocket()函数关闭连接，一次交互结束。同时，服务器在连接一个客户端的同时可以继续监听指定端口，并发出阻塞，直到下一个请求出现，从而实现多个客户机连接。

2. 创建 UDP 的 socket

创建 UDP 的 socket 的语法格式如下：

```
import socket
s=socket.socket(socket.AF_INET,socket.SOCK_DGRAM)
```

UDP 类型的套接字无须连接，只需要知道对方的 IP 地址和端口号就可以进行通信，速度较快，但是可靠性不高。另外，数据是整体发送，不会分成小块。图 8-4 所示为无连接的 UDP 时序图。

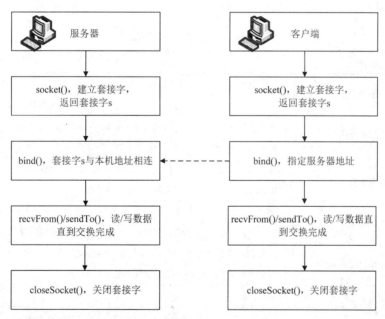

图 8-4　无连接的 UDP 时序图

UDP 是无连接的，先启动哪一端都不会报错，也不需要监听，只需要用 bind()函数绑定对方的 IP 地址和端口号（图 8-4 中虚线所示）就可以直接发送数据。客户端仅调用 sendTo()函数就可以给服务器发送数据。服务器也只是调用 recvFrom()函数等待和接收客户端发来的数据，调用 sendTo()函数给客户端发送应答。

Python 中常用的服务器端的 socket 函数如表 8-3 所示。

表 8-3　服务器端的 socket 函数

函数	说明
s.bind(address)	将套接字绑定到地址，在 AF_INET 下，以元组(host,port)的形式表示地址
s.listen(backlog)	开始监听 TCP 传入连接。backlog 指定在拒绝连接之前，操作系统可以挂起的最大连接数量。该值至少为 1，大部分应用程序设为 5 即可
s.accept()	接收 TCP 连接并返回(conn,address)，其中 conn 是新的套接字对象，可以用来接收和发送数据；address 是连接客户端的地址

Python 中常用的客户端的 socket 函数如表 8-4 所示。

表 8-4　客户端的 socket 函数

函数	说明
s.connect(address)	连接到 address 处的套接字。一般 address 的格式为元组(hostname,port)，如果连接出错，返回 socket.error 错误
s.connect_ex(adddress)	功能与 connect(address)相同，但是成功返回 0，失败返回 errno 的值，而不是抛出异常

Python 中常用的公共 socket 函数如表 8-5 所示。

表 8-5　公共 socket 函数

函数	说明
s.recv(bufsize[,flag]	接收 TCP 套接字的数据，数据以字符串形式返回。其中，bufsize 指定要接收的最大数据量；flag 提供有关消息的其他信息，通常可以忽略
s.send(string[,flag])	发送 TCP 数据。将 string 中的数据发送到连接的套接字。返回值是要发送的字节数量，该数量可能小于 string 的字节大小
s.sendall(string[,flag])	完整发送 TCP 数据。将 string 中的数据发送到连接的套接字，但在返回之前会尝试发送所有数据。成功返回 None，失败则抛出异常
s.recvfrom(bufsize[.flag])	接收 UDP 套接字的数据。与 recv()函数类似，但其返回值是(data,address)。其中，data 是包含接收数据的字符串，address 是发送数据的套接字地址
s.sendto(string[,flag],address)	发送 UDP 数据。将数据发送到套接字，address 是形式为(ipaddr,port)的元组，指定远程地址。返回值是发送的字节数
s.close()	关闭套接字
s.getpeername()	返回连接套接字的远程地址。返回值通常是元组(ipaddr,port)
s.getsockname()	返回套接字自己的地址。返回值通常是一个元组(ipaddr,port)
s.setsockopt(level,optname,value)	设置给定套接字选项的值
s.getsockopt(level,optname[.buflen])	返回套接字选项的值
s.settimeout(timeout)	设置套接字操作的超时期。其中，timeout 是一个浮点数，单位是 s。值为 None 表示没有超时期。一般，超时期应该在刚创建套接字时设置，因为它们可能用于连接的操作[如 connect()]
s.gettimeout()	返回当前超时期的值，单位是 s，如果没有设置超时期，则返回 None

续表

函数	说明
s.fileno()	返回套接字的文件描述符
s.setblocking(flag)	如果 flag 为 0，则将套接字设置为非阻塞模式，否则将套接字设置为阻塞模式（默认值）。非阻塞模式下，如果调用 recv()函数没有发现任何数据，或调用 send()函数无法立即发送数据，那么将引起 socket.error 异常
s.makefile()	创建一个与该套接字相关联的文件

8.2　TCP 编程

在网络通信应用程序中很多连接是可靠的 TCP 连接，如 FTP、Telnet、SMTP、POP3、HTTP 等。创建 TCP 连接时，主动发起连接的是客户端，被动响应连接的是服务器。

8.2.1　TCP 客户端编程

当用户使用浏览器访问网页时，用户的计算机就是客户端，用户的浏览器向网页的服务器主动发起连接，如果网页所在的服务器响应了连接要求，就建立了一个 TCP 连接，以后通信的内容就是发送网页。

【例 8-1】　访问百度首页的 TCP 客户端程序。获取百度首页客户，代码如下：

```
import socket                                           #导入 socket 模块
s = socket.socket(socket.AF_INET,socket.SOCK_STREAM)    #创建一个 socket
s.connect(('www.baidu.com',80))                         #建立与百度的连接
#发送数据请求
s.send(b'GET / HTTP/1.1\r\nHost:www.baidu.com\r\nConnection:close\r\n\r\n')
#接收数据
Buffer = []
while True:
    d = s.recv(1024)                     #每次最多接收服务器端 1KB 数据
    if d:                                #判断是否为空数据
        buffer.append(d)                 #将从服务器得到的数据追加到列表中
    else:
        break                            #返回空数据，表示接收完毕
s.close()                                #关闭连接
data = b''.join(buffer)
header,html = data.split(b'\r\n\r\n',1)  #将网页中 HTTP 头部和网页内容分离
print(header.decode('utf-8'))            #将网页中 HTTP 头部信息输出
#把接收网页内容写入 baidu.html 文件中
with open('baidu.html','wb') as f:
    f.write(html)
```

客户端程序输出百度首页 HTTP 头部信息（部分内容），运行结果如下：

```
HTTP/1.1 200 OK
Accept-Ranges: bytes
Cache-Control: no-cache
Content-Length: 14615
Content-Type: text/html
```

```
Date: Fri, 18 May 2018 02:40:29 GMT
Last-Modified: Fri, 11 May 2018 09:27:00 GMT
P3p: CP = " OTI DSP COR IVA OUR IND COM "
Pragma: no-cache
Server: BWS/1.1
```

TCP 客户端的 socket 连接编程流程如下：

1）创建套接字，代码如下：

```
socket.socket(socket.AF_INET,socket.SOCK_STREAM)
```

其中，AF_INET 指定使用 IPv4 地址，SOCK_STREAM 指定使用面向流的 TCP。

2）连接远端地址，代码如下：

```
s.connect(('www.baidu.com',80))
```

创建套接字对象后，客户端要主动发起 TCP 连接，就需要知道百度服务器的 IP 地址和端口号。百度网的 IP 地址可以通过域名 www.baidu.com 自动转换得到；端口 80 是 Web 服务器的标准端口，直接使用即可。connect()函数的参数是一个元组，包含地址和端口号。

3）连接后向服务器发送请求，要求返回首页的内容数据。代码如下：

```
s.send(b'GET / HTTP/1.1\r\nHost: www.baidu.com\r\nConnection:close\r\n\r\n')
```

HTTP 规定客户端必须先发送请求给服务器，服务器收到后才能给客户端发送数据。b'GET / HTTP/1.1\r\nHost: localhost\r\n\r\n'是一个遵守 HTTP 标准请求格式的数据包，字符串前加一个 b，表示字符串将以字节的方式输出。

4）从服务器接收数据。recv(max)函数指一次最多接收的指定的字节数，数据以字符串形式返回。通过 while 循环反复接收，直到 recv()函数返回空，表示接收完毕。

5）传输完毕后，关闭套接字。代码如下：

```
s.close()
```

6）对数据进行处理，代码如下：

```
data = b"".join(buffer)
```

该语句表示使用空字节把 buffer 这个字节列表连接在一起，成为一个新的字节串。b"是一个空字节，join 是连接列表的函数，如 b".join([b'ab',b'cd',b'ef'])转换后为 b'abcdef'。buffer 是一个不断接收到的串的列表。

```
header,html = data.split(b'\r\n\r\n',1)
```

该语句表示接收到的数据包括 HTTP 头和网页本身，需要将 HTTP 的头部和网页分离，以'\r\n\r\n'分割，只分割一次。

```
print(header.decode('utf-8'))
```

该语句表示 decode('utf-8')以 utf-8 编码将字节串转换成字符串。

```
with open('baidu.html','wb') as f:
    f.write(html)
```

该语句表示以写的方式打开文件'baidu.html'，写入信息。

8.2.2　TCP 服务器端编程

服务器端编程和客户端编程相比要复杂一些。服务器进程要绑定一个端口并监听来自客户端的连接。如果服务器连接了某个客户端，即表示与该客户端建立了 socket 连接。

【例 8-2】　编写一个简单的 TCP 服务程序，它接收客户端连接，把从客户端输入的一行字符串转换为大写，再发送回客户端。完整的 TCP 服务器端程序代码如下：

```
import socket
import time                                     #导入时间模块

def TCP(sock, addr):                            #TCP 服务器端处理逻辑
    print('接收一个来自 %s:%s 连接请求.' % addr)    #接收新的连接请求
    while True:
        data = sock.recv(1024)                  #接收其数据
        time.sleep(1)                           #延迟
        if not data or data.decode() == 'quit': #如果数据为空或者quit,退出
            break
        sock.send(data.decode('utf-8').upper().encode()) #发送变成大写后的数据
    sock.close()                                #关闭连接
    print('来自 %s:%s 连接关闭了.' % addr)

s = socket.socket(socket.AF_INET, socket.SOCK_STREAM) #创建 socket
s.bind(('127.0.0.1', 10022))                    #绑定本机 IP 和任意端口(>1024)

s.listen(1)                                     #监听,等待连接的最大数目为1
print('服务器正在运行…')
while True:
    sock, addr = s.accept()                     #接收一个新连接
    TCP(sock, addr)                             #处理连接函数
```

TCP 服务器的 socket 连接编程流程如下。

1）创建基于 IPv4 和 TCP 的套接字，代码如下：

```
socket.socket(socket.AF_INET,socket.SOCK_STREAM)
```

2）绑定套接字到本地 IP 与端口，代码如下：

```
s.bind(('127.0.0.1', 10022))
```

127.0.0.1 是一个特殊的 IP 地址，表示本机。如果绑定到这个地址，客户端也必须同时在本机运行才有效。

绑定 IP 地址的同时还要绑定端口号，由于本程序的服务不是标准服务，因此可以任意选用 1024～65535（包含）的整数作为端口。

3）开始监听连接，代码如下：

```
s.listen(1)
```

s.listen(1)中的参数 1 表示制定等待连接的最大数量为 1，只能与一个客户端通信。如果参数大于 1，则表示可以连接多个客户端。

4）进入循环，不断接收客户端的连接请求。代码如下：

```
while True:
    sock, addr = s.accept()
    TCP(sock, addr)
```

服务器程序通过一个无限循环来接收客户端的连接，accept()函数会等待并接收连接，返回结果为(conn,address)形式。其中，conn 是新的套接字对象，可以用来接收和发送数据；address 是连接客户端的地址。

5）接收传来的数据，并发送给对方数据。代码如下：

```
def TCP(sock, addr):
    print('接收一个来自 %s:%s 连接请求.' % addr)
    while True:
        data = sock.recv(1024)
        time.sleep(1)
        if not data or data.decode() == 'quit':
            break
        sock.send(data.decode('utf-8').upper().encode())
    sock.close()
    print('来自 %s:%s 连接关闭了.' % addr)
```

TCP()是自定义函数，用来接收和发送数据。连接建立后，服务器先发送一条欢迎消息，然后接收客户端传来的字符串，将小写字母转换为大写字母后再发送给客户端。如果客户端发送的是 quit，则直接关闭连接。

发送的数据 data 需先解码，再按 utf-8 编码。encode()函数其实就是 encode('utf-8')。

6）传输完毕后，关闭套接字。代码如下：

```
s.close()
```

为了测试该服务器程序，还需要编写一个客户端程序。客户机从其套接字中读取修改后的字符串，然后将该行在其标准输出（监视器）上输出。代码如下：

```
import socket
s = socket.socket(socket.AF_INET, socket.SOCK_STREAM)  #创建一个 socket
s.connect(('127.0.0.1', 10022))                        #建立连接
while True:                                             #接收多次数据
    data = input('请输入要发送的数据: ')                 #接收数据
    if data == 'quit':                                 #如果为 quit,则退出
        break
    s.send(data.encode())                              #发送编码后的数据
    print(s.recv(1024).decode('utf-8'))                #输出接收到的大写数据
s.send(b'quit')                                        #放弃连接
s.close()                                              #关闭 socket
```

打开两个程序窗口，一个运行 TCP 服务器端程序，另一个运行 TCP 客户端程序，就可以看到如下效果。

服务器端程序运行结果如下：

```
服务器正在运行…
接收一个来自 127.0.0.1:51307 连接请求
来自 127.0.0.1:51307 连接关闭了
```

客户端程序运行结果如下：

```
请输入要发送的数据: intelligent medicine committee!!!!
INTELLIGENT MEDICINE COMMITTEE!!!!
请输入要发送的数据: quit
```

注意：客户端程序运行结束后就会退出；而服务器程序如果没有外界干预会永远运行下去，必须按 Ctrl+C 组合键退出程序。

同一个端口被一个 socket 绑定以后，就不能被其他的 socket 绑定。

8.3 UDP 编程

使用 UDP 时，不需要建立连接，每个数据包都是一个独立的信息，只需要知道对方的 IP 地址和端口号，就可以直接发送数据包，但能否到达目的地、到达目的地的时间及内容的正确性都是不能保证的。虽然用 UDP 传输数据不可靠，但它与 TCP 相比，其优点是速度快，对于不要求可靠到达的数据，就可以使用 UDP。

【例 8-3】 编写一个应用 UDP 实现的服务器和客户端通信程序，完成例 8-2 同样的功能：服务器将从客户端输入的一行字符串转换为大写，再发送回客户端。服务器端的代码如下：

```
import socket
s = socket.socket(socket.AF_INET, socket.SOCK_DGRAM)      #创建一个socket
s.bind(('127.0.0.1', 10021))                              #绑定IP地址及端口
```

创建 socket 时，SOCK_DGRAM 参数制定了 socket 的类型是 UDP。只需要绑定 IP 地址和端口，不需要进行端口的监听，直接接收来自客户端的数据。代码如下：

```
print('绑定 UDP 在 10021 端口…')
while True:
    #获得数据和客户端的地址与端口，一次最大接收 1KB
    data, addr = s.recvfrom(1024)
    print('接收 %s:%s 的数据.' % addr)
    s.sendto(data.decode('utf-8').upper().encode(), addr)
    #将数据变成大写送回客户端
```

recvfrom()函数与 recv()函数类似，但其返回值是(data,address)。其中，data 是包含接收数据的字符串，address 是发送数据的套接字地址。

客户端的代码如下：

```
import socket
s = socket.socket(socket.AF_INET, socket.SOCK_DGRAM)
addr = ('127.0.0.1', 10021)                     #服务器端地址
while True:
    data = input('请输入要处理的数据:')          #获得数据
    if not data or data == 'quit':
        break
    s.sendto(data.encode(), addr)               #发送到服务端
    recvdata, addr = s.recvfrom(1024)           #接收服务器端发来的数据
    print(recvdata.decode('utf-8'))             #解码输出
s.close()                                       #关闭socket
```

对于客户端的 UDP 通信程序，先要创建基于 UDP 的 socket，但不需要与服务器建立连接，直接通过 sendto()函数给服务器发送程序。从服务器端接收数据也使用 recvfrom()函数。

打开两个程序窗口，一个运行 UDP 服务器端程序，另一个运行 UDP 客户端程序，就可以看到如下效果。

服务器端程序运行结果如下：

```
绑定 UDP 在 10021 端口…
接收 127.0.0.1:50348 的数据
```

客户端程序运行结果如下：

```
请输入要处理的数据:intelligent medicine committee!!!
INTELLIGENT MEDICINE COMMITTEE!!!
请输入要处理的数据:quit

Process finished with exit code 0
```

【例 8-4】　编写一个应用 UDP 实现的服务器和多个（两个）客户端通信程序，服务器端显示两个客户端分别传递的信息，两个客户端显示服务器的回复信息。服务器端的代码如下：

```
import socket
s = socket.socket(socket.AF_INET,socket.SOCK_DGRAM)      #创建一个 socket
s.bind(('127.0.0.1',8080))                               #绑定 IP 地址和端口
print("Server is running …")
while True:
    #接收到客户端的信息和地址
    msg,addr = s.recvfrom(1024)
    print("接收%s:%s 的数据."% addr)
    str_msg = msg.decode('utf-8')
    print(addr,str_msg)
    info="hello ! I am sever "
    #将服务器的信息回复给客户端
    s.sendto(info.encode(),addr)
```

客户端 1 的代码如下：

```
import socket
s = socket.socket(socket.AF_INET,socket.SOCK_DGRAM)  #创建一个 socket
ip_port = ('127.0.0.1',8080)                         #服务器的地址和端口
while True:
    info = input("请输入 client1 的数据")            #输入数据
    if not info or info == "quit":
        break
    info = "来自 client1 的消息: "+info
    s.sendto(info.encode(), ip_port)                 #发送到服务器端
    msg,addr = s.recvfrom(1024)                      #获得服务器端的信息
    str_msg = msg.decode('utf-8')
    print(str_msg)
sk.close()
```

客户端 2 的代码如下：

```
import socket
s = socket.socket(socket.AF_INET,socket.SOCK_DGRAM)  #创建一个 socket
ip_port = ('127.0.0.1',8080)                         #服务器的地址和端口
while True:
    info = input("请输入 client2 的数据")            #输入数据
    if not info or info == "quit":
        break
    info = "来自 client2 的消息: "+info
    s.sendto(info.encode(), ip_port)                 #发送到服务器端
    msg,addr = s.recvfrom(1024)                      #获得服务器端的信息
    str_msg = msg.decode('utf-8')
    print(str_msg)
```

```
sk.close()
```

服务器端运行结果如下：

```
Server is running …
接收 127.0.0.1:51061 的数据
('127.0.0.1', 51061) 来自 client1 的消息：I am client1!
接收 127.0.0.1:51062 的数据
('127.0.0.1', 51062) 来自 client2 的消息：I am client2!
```

客户端 1 程序运行结果如下：

```
请输入 client1 的数据 I am client1!
hello ! I am sever
请输入 client1 的数据 quit
Process finished with exit code 0
```

客户端 2 程序运行结果如下：

```
请输入 client2 的数据 I am client2!
hello ! I am sever
请输入 client2 的数据 quit
Process finished with exit code 0
```

8.4　多线程编程

线程（thread）是被操作系统独立调度的基本单位，程序可以拆分成多个并发运行的线程，即线程提供了多任务处理的能力。进程（process）是操作系统分配资源的最小单元，线程是操作系统调度的最小单元。现在的大型应用软件基本是多线程、多任务处理，因此掌握多线程、多任务设计方法对提高软件的并行性有重要意义。

8.4.1　进程和线程

1. 进程和线程的概念

现代操作系统都是支持多任务的操作系统。多任务就是操作系统可以同时运行多个任务。例如，用户在用浏览器上网的同时还在使用 QQ 聊天，可能还运行着音乐播放器程序听音乐，这样在计算机上至少同时有 3 个任务在运行。另外，还有很多任务在后台同时运行着。这种多任务形式不仅运行在多核 CPU 上，单核 CPU 通过操作系统轮流让各个任务快速交替执行也让人产生所有任务都在同时执行的感觉。

对于操作系统来说，一个任务就是一个进程，进程是操作系统中正在执行的应用程序的一个实例。例如，打开一个浏览器就是启动一个浏览器进程，打开一个 Word 就启动了一个 Word 进程。

一些进程还可以同时进行多种功能，如 Word 可以同时进行打字、拼写检查、打印等工作。这就需要该进程同时运行多个子任务，这些子任务称为线程。

每个进程至少包含一个线程，称为主线程。主进程从程序时开始执行，主线程在运行过程中还可以创建新的线程，实现多线程。

2. 进程和线程的关系

1）一个线程只能属于一个进程，而一个进程可以有多个线程，且至少有一个线程。

2）资源分配给进程，同一进程的所有线程共享该进程的所有资源。

3）CPU 分给线程，即真正在 CPU 上运行的是线程。

4）线程在执行过程中需要协作同步。不同进程的线程间要利用消息通信的办法实现同步。

3. 进程和线程的区别

1）调度：线程是调度和分配的基本单位，进程是拥有资源的基本单位。

2）并发性：不仅进程之间可以并发执行，同一个进程的多个线程之间也可以并发执行。

3）拥有资源：进程是拥有资源的一个独立单位，线程不拥有系统资源，但可以访问隶属于进程的资源。

8.4.2　创建线程

有两种方式支持在 Python 3.0 中使用线程：_thread 模块和 Thread 类。

1. _thread 模块创建线程

调用 _thread 模块中的 start_new_thread()函数来产生新线程。其语法格式如下：

```
thread.start_new_thread ( function, args[, kwargs] )
```

参数含义如下。

function：线程运行函数。

args：传递给线程函数的参数，使用空的元组来调用函数表示不传递任何参数，必须是元组类型。

kwargs：可选参数。

start_new_thread()函数创建一个线程并运行指定函数，当函数返回时，线程自动结束。

【例 8-5】　使用 _thread 模块中的 start_new_thread()函数来创建线程。创建 3 个线程，每个线程运行 3 次，代码如下：

```
import _thread                              #导入 _thread 模块
import time                                 #导入 time 模块
#为线程定义一个函数
def cnt_thread(id):
    cnt = 1                                 #计算器赋值为 1
    print("线程 %d 正在运行…" % id)           #输出正在运行的线程号
    while <3:                               #每个线程可以被运行两次
        print("线程 %d 计数器的值为：%d" % (id, cnt))
        time.sleep(2)
        cnt += 1                            #每次线程被调用计算器值增 1
#创建 3 个线程，调用 cnt_thread()函数运行线程，并将线程 ID 号作为传入参数
for i in range(3):
    _thread.start_new_thread(cnt_thread,(i,))
```

```
#主线程运行
print("主线程无限循环中…")
while True:
    pass
```

运行结果如下：

```
主线程无限循环中…
线程 1 正在运行…
线程 0 正在运行…
线程 0 计数器的值为：1
线程 2 正在运行…
线程 1 计数器的值为：1
线程 2 计数器的值为：1
线程 0 计数器的值为：2
线程 2 计数器的值为：2
线程 1 计数器的值为：2
```

从运行结果中可以看到主线程最先启动。线程的创建虽然是有顺序的，但线程是并发运行的，所以哪个线程先执行并不确定。

2. Thread 类创建线程

_thread 是低级模块；threading 是高级模块，其对 _thread 模块进行了封装，为线程提供了更强大的高级支持。绝大多数情况下只需要使用 threading 高级模块。

threading 模块提供了 Thread 类来创建和处理线程，其有两种使用方法：直接传入要运行的方法，或从 Thread 继承并覆盖 run() 函数。

Thread 类创建线程的语法格式如下：

```
线程对象=threading.Thread(target=线程函数, args=(参数列表),name=线程名,
    group=线程组)
```

线程名和线程组都可以省略。

【例 8-6】 直接使用 threading.Thread 类来创建线程。代码如下：

```
port threading                                    #导入 threading 模块
import time                                        #导入 time 模块
#定义线程处理函数
def fun():
    print("线程正在运行" )
    time.sleep(2)
    print("线程结束" )
#定义主线程函数
def main():
    print("主线程开始运行")
    t = threading.Thread(target=fun,args=())        #创建一个新的线程
    t.start()                                       #启动创建的线程
    time.sleep(1)
    print("主线程结束运行")
#设置程序从 main()函数开始运行
if __name__ == "__main__":
    main()
```

运行结果如下：

```
主线程开始运行
线程正在运行
主线程结束运行
线程结束
Process finished with exit code 0
```

Threading 类常用的方法如表 8-6 所示。

表 8-6　Threading 类常用的方法

方法	说明
run()	线程的入口点
start()	启动线程，通过调用 run()方法启动一个线程
join([time])	堵塞进程直到线程执行完毕。参数 time 指定超时间（s），超过指定时间就不再堵塞进程
isAlive()	检查线程是否活动
getName()	返回线程名
setName()	设置线程名

threading 模块提供的其他方法如表 8-7 所示。

表 8-7　threading 模块提供的其他方法

其他方法	说明
threading.currentThread()	返回当前线程的变量
threading.enumerate()	返回一个包含正在运行的线程目录
threading.activeCount()	返回正在运行线程的数量

【例 8-7】　编写自己的线程类 myThread 来创建两个线程对象，每个线程对象运行 3 次后结束。

使用 threading 模块创建线程，直接从 threading.Thread 继承，然后重写__init__()函数和 run()函数。代码如下：

```
import threading                          #导入 threading 模块
import time                               #导入 time 模块
#自定义的线程类
class myThread (threading.Thread):        #继承父类 threading.Thread
    def __init__(self,threadID,name,delaytime): #重写__init__()函数
        threading.Thread.__init__(self)
        self.threadID=threadID            #线程 ID 号
        self.name=name                    #线程名
        self.delaytime=delaytime          #延迟时间
    #把要执行的代码写到 run()函数中，线程在创建后会直接运行 run()函数
    def run (self):
        print("Starting"+ self.name)
        print_time(self.name,self.delaytime,3)   #输出线程开始运行时间
        print("Exiting"+self.name)
#输出线程运行的系统时间
def print_time(threadName,delay,counter):
    while counter:
```

```
            time.sleep(delay)                           #延迟时间
            print("%s: %s" % (threadName,time.ctime())) #输出系统时间
            counter -= 1
#创建新线程
thread1=myThread(1,"Threade-1", 1)
thread2=myThread(2,"Threade-2", 2)
#开启线程
thread1.start()
thread2.start()
```

运行结果如下：

```
StartingThreade-1
StartingThreade-2
Threade-1: Sat May 19 14:08:26 2018
Threade-1: Sat May 19 14:08:27 2018
Threade-2: Sat May 19 14:08:27 2018
Threade-1: Sat May 19 14:08:28 2018
ExitingThreade-1
Threade-2: Sat May 19 14:08:29 2018
Threade-2: Sat May 19 14:08:31 2018
ExitingThreade-2
```

要使用 threading 模块实现新线程，必须执行以下操作：

1）定义 Thread 类的新子类。

2）覆盖__init__(self [，args])函数添加其他参数。重写 run(self [，args])函数来实现线程在启动时应该执行的操作。

3）当创建了新的 Thread 的子类之后，就可以创建一个实例，通过调用 start()函数来调用 run()函数，启动一个新的线程。

8.4.3　线程同步

在多线程中，变量由各个线程共享。如果多个线程共同对某个数据修改，则可能出现不可预料的结果。

【例 8-8】　创建两个线程模拟顾客到银行，每个顾客都是先存钱，然后立即取出和存入相同的金额。代码如下：

```
import threading
money = 0                   #变量 money 被 customer1 和 customer2 两个线程共享
#存钱
def put_money(sum):
    global money
    money += sum
#取钱
def get_money(sum):
    global money
    money -= sum
#定义线程运行函数（模拟顾客存取款）
def run_thread(sum):
    for i in range(1000000):            #执行次数要足够多
        #先存 sum，后取 sum，钱数应当为 0
```

```
        put_money(sum)
        get_money(sum)
#创建两个顾客线程
customer1 = threading.Thread(target=run_thread, args=(100,))
#每次存100，取100
customer2  = threading.Thread(target=run_thread, args=(1000,))
#每次存1000，取1000
#开启线程
customer1.start()
customer2.start()
#输出银行存款
print(money)
```

程序运行结果每次都不相同。在例 8-8 中，先存钱，再全部取出，银行存款的总数应当一直为 0。这在单线程中没有问题。然而在多线程中，操作系统交叉执行赋值语句，导致全局变量被一个线程修改了，另一个线程却不知情的情况。因为在操作系统中，money += sum 是被拆成两条语句执行的：

```
x = money + sum
money = x
```

这两条语句的执行顺序很可能是乱序的（money-= sum 同理），导致最后 money 的金额不为 0。为了保证数据的正确性，需要对多个线程进行同步。

Threading 模块中 lock 对象可以实现简单的线程同步，该对象有 acquire()方法（加锁）和 release()（释放锁）方法，对于那些需要每次只允许一个线程操作的数据，可以将其操作放到 acquire()和 release()方法之间。

【例 8-9】　运用 lock 锁的机制改写例 8-8，代码如下：

```
import threading
money = 0              #变量 money 被 customer1 和 customer2 两个线程共享
#存钱
def put_money(sum):
    global money
    money += sum
#取钱
def get_money(sum):
    global money
    money -= sum
#定义线程运行函数（模拟顾客存取款）
def run_thread(sum):
    for i in range(1000000):    #执行的次数要足够多
        #先存 sum，后取 sum，钱数应当为 0
        lock.acquire()              #加锁
        put_money(sum)
        get_money(sum)
        lock.release()              #释放锁
#创建一个指令锁
lock = threading.lock()
#创建两个顾客线程
customer1 = threading.Thread(target=run_thread, args=(100,))#每次存100，取100
customer2  = threading.Thread(target=run_thread, args=(1000,))#每次存
```

```
   1000，取 1000
#开启线程
customer1.start()
customer2.start()
#输出银行存款
print(money)
```

运行结果如下：

```
0
```

当一个线程调用 lock 对象的 acquire()方法获得锁时，这把锁就进入 locked 状态。因为每次只有一个线程可以获得锁，所以如果此时另一个线程试图获得这个锁，该线程就会变为阻塞状态，暂停执行。直到拥有锁的线程调用 release()方法释放锁之后，线程调度程序才从处于阻塞状态的线程中选择一个线程来获得锁继续运行。

8.5　网络多线程编程综合实例

在 8.2 节和 8.3 节中，服务器端和客户端的通信只能一来一往，一句句发送，不能实现双方消息自由发送。使用多线程，将消息的接收单独作为一个线程，这样便可以在服务器端和客户端实现发送和接收多条消息。下例用 TCP 模拟 QQ，编写一个简单的文字聊天室。

TCP 服务器端的代码如下：

```
import socket
import threading                                      #导入多线程模块
print("Waitting to be connected… ")
ip_port = ('127.0.0.1',8888)                          #设定 IP 和端口
s = socket.socket(socket.AF_INET,socket.SOCK_STREAM)  #创建 socket
s.bind(ip_port)                                       #绑定本机 IP 和端口
s.listen(1)                                           #表示等待连接数为 1
sock,addr = s.accept()                                #第一次从客户端接收数据
flag = True                                           #设置聊天进行标识
addr = str(addr)
print('Connecting by : %s ' %addr )
def Receive(sock):                                    #定义接收函数
    #声明全局变量，当接收到的消息为 quit 时，聊天结束
    global flag
    while flag:
        data = sock.recv(1024).decode('utf8')         #解析收到数据
        if data == 'quit':
            flag=False
        print("you have receive: "+data+" from"+addr)
#实例化线程，target 为方法，args 为方法的参数
trd = threading.Thread(target=Receive,args=(sock,))
trd.start()                                           #启动线程
while flag:
    user_input = input('>>>')
    sock.send(user_input.encode('utf8'))              #循环发送消息
    #当发送为 quit 时，关闭 socket
```

```
    if user_input == 'quit':
        flag = False
s.close()
```

TCP 客户端的代码如下：

```
import socket
import threading                                        #导入多线程模块

ip_port = ('127.0.0.1',8888)                            #设定 IP 和端口
s = socket.socket(socket.AF_INET,socket.SOCK_STREAM)    #创建 socket
s.connect(ip_port)                                      #建立和服务器的连接
flag = True                                             #设置聊天进行标识
def Receve(s):                                          #定义接收函数
#声明全局变量，当接收到的消息为 quit 时，聊天结束
    global flag
    while flag:
        data = s.recv(1024).decode('utf8')              #解析收到的数据
        if data == 'quit':
            flag = False
        print('receive news:%s' % data )
#实例化线程，target 为方法，args 为方法的参数
trd = threading.Thread(target=Receve,args=(s,))
trd.start()                                             #启动线程
while flag:
    user_input = input('>>>')                           #循环发送消息
    s.send(user_input.encode('utf8'))
    if user_input == 'quit':                            #当发送为 quit 时，关闭 socket
        flag = False
s.close()
```

服务器端程序运行结果如下（粗体字为程序接收的内容）：

```
Waiting to be connected…
Connecting by: ('127.0.0.1', 62046)
>>>you have receive: python 学习了解一下 from('127.0.0.1', 62046)
>>>好的
>>>谢谢
>>>you have receive: 我简单介绍一下吧 from('127.0.0.1', 62046)
you have receive: python 语法简单 from('127.0.0.1', 62046)
you have receive:用途强大 from('127.0.0.1', 62046)
you have receive:编程语言排名第一 from('127.0.0.1', 62046)
>>>既然这么好
>>>那我试试
>>>you have receive: 好的 from('127.0.0.1', 62046)
you have receive: 我们一起学 from('127.0.0.1', 62046)
```

客户端程序运行结果如下：

```
>>>python 学习了解一下
>>>receive news:好的
receive news:谢谢
>>>我简单介绍一下吧
>>>python 语法简单
>>>用途强大
```

```
>>>编程语言排名第一
>>>receive news:既然这么好
receive news:那我试试
>>>好的
>>>我们一起学
```

小　　结

本章主要介绍了 Python 中网络编程的基本概念,重点讲解了利用 TCP 和 UDP 实现客户端和服务器通信,同时介绍了多线程的基本理论和编程思想、创建多线程的两种基本方法和多线程的同步机制。通过对本章的学习,读者不仅能够对 Python 中网络编程及多线程有初步的了解,还能为学习多线程爬虫开发打下良好的基础。

第9章 网络爬虫

◥ 导学

网络爬虫技术是当今信息技术中大数据采集的重要手段。在诸多网络爬虫实现技术中，Python 是目前最主流，同时最适合学习网络爬虫的开发语言。通过引用第三方库，Python 可快速、准确地实现网络爬虫的主要功能。其模块化的设计理念，使得网络爬虫有更好的开放性和扩展性。通过学习 Python，不但能够帮助开发者掌握实现网络爬虫的主要方法，同时还可让开发者对 Python 的爬虫相关库有更深的理解。

了解： 网络爬虫的概念与基本原理，利用 Python 实现抓取网页内容的相关库和处理提取抓取内容的库，以及处理网络爬虫异常的方法。

掌握： 利用 requests 库抓取网页内容的主要方法，以及利用 BeautifulSoup 库处理与提取网页的主要方法。

众所周知，信息已成为当今社会的重要资源和财富。面对日益增长的信息量与信息处理需求，对大数据的采集是大数据处理与分析的首要工作，其中利用网络爬虫采集互联网非结构化数据是大数据采集的重要手段。Python 作为一种扩展性高的语言，有丰富的抓取网页内容的库及处理提取抓取内容的库，是目前主流的网络爬虫实现技术。

9.1 网络爬虫的基本原理

1. 网络爬虫的概念

网络爬虫也称网络蜘蛛，如果把互联网比喻成一个蜘蛛网，网络爬虫就是一只在网上爬来爬去的蜘蛛。网络爬虫根据网址寻找网页，获取所需资源。

2. 统一资源定位符（URL）

统一资源定位符（uniform resource locator，URL）即通常所说的网址，是对可以从互联网上得到的资源位置和访问方法的一种简洁的表示，是互联网上标准资源的地址。互联网上的每个文件都有一个唯一的 URL，它包含的信息指出文件的位置及浏览器应该怎么处理它。URL 的格式由三部分组成。

1）协议（或称为服务方式），目前主流的协议有 HTTP 和超文本传输安全协议（hypertext transfer protocol secure，HTTPS）。

2）主机名（还有端口号，为可选参数），一般网站默认端口号为 80，如中国医科大学的主机名是 www.cmu.edu.cn。

3）主机资源的具体地址，如目录和文件名等。

网络爬虫根据 URL 来获取网页信息，URL 是爬虫获取数据的基本依据，准确理解

URL 的含义对爬虫学习有很大帮助。

3. HTTP

HTTP 是从万维网（world wide web，WWW）服务器传输超文本到本地浏览器的传送协议。它可以使浏览器更加高效，使网络传输减少。它不仅保证计算机正确快速地传输超文本文档，还确定传输文档中的哪一部分，以及哪部分内容首先显示（如文本先于图形）等。

HTTP 永远都是客户端发起请求，服务器回送响应。这就限制了 HTTP 的使用，无法实现在客户端没有发起请求时，服务器将消息推送给客户端。

HTTP 是一个无状态的协议，同一个客户端的这次请求和上次请求没有对应关系。

一次 HTTP 操作称为一个事务，其工作过程可分为 4 步。

1）客户机与服务器需要建立连接。只要单击某个超链接，HTTP 就开始工作。

2）建立连接后，客户机发送一个请求给服务器，请求方式的格式为 URL、协议版本号等信息。

3）服务器接收到请求后，给予相应的响应信息，其格式为一个状态行，包括信息的协议版本号、一个成功或错误的代码，以及多用途因特网邮件扩展（multipurpose internet mail extensions，MIME）信息（包括服务器信息、实体信息和可能的内容）。

4）客户端接收服务器所返回的信息，并通过浏览器显示在用户的显示屏上，然后客户机与服务器断开连接。

如果在以上过程中出现错误，那么产生错误的信息将返回客户端。对于用户来说，这些过程是由 HTTP 完成的，用户只需击超链接，等待信息显示即可。

4. 网络爬虫的原理

通过上述工作流程可知，网络爬虫是模拟用户访问网站，通过处理和提取得到的网页内容，实现对图片、文字等资源的获取。

Python 中提供了丰富的获取网页内容的库，以及处理提取网页内容的库，利用这些库，Python 可以实现网络爬虫功能。下面将对网络爬虫中应用的典型库进行讲解。

9.2　requests 库

由网络爬虫原理可知，爬虫应用的库主要有爬取网页内容的库和处理提取内容的库。爬取网页内容的库包括 requests 库和 urllib 库，其中 requests 库是学习 Python 网络爬虫最基本的库，可以方便地对网页进行爬取，是学习 Python 网络爬虫较好的 HTTP 请求库。

9.2.1　requests 库的安装

1. pip 命令安装

在 Windows 操作系统中，只需要在 cmd 命令行输入命令 pip install requests 即可安装 requests 库。代码如下：

```
pip install requests
```

2. 下载安装包安装

由于 pip 命令可能安装失败，因此有时需通过下载第三方库文件来进行安装。在 GitHub 上 https://github.com/requests/requests 下载文件到本地之后，解压到 python 安装目录。打开解压文件，运行命令行并输入 python setup.py install 即可安装 requests 库，代码如下：

```
python setup.py install
```

安装后应测试 requests 库是否安装正确。在交互式环境中输入 import requests，如果没有任何报错信息，说明 requests 库已经安装成功了。

```
import requests    #导入 requests 库
```

9.2.2 requests 库的使用方法

requests 库有 7 个主要方法，如表 9-1 所示。

表 9-1　requests 库的主要方法

方法	说明
requests.get()	获取 html 的主要方法
requests.head()	获取 html 头部信息的主要方法
requests.post()	向 html 网页提交 post 请求的方法
requests.put()	向 html 网页提交 put 请求的方法
requests.patch()	向 html 提交局部修改请求
requests.delete()	向 html 提交删除请求
requests.request()	构造一个请求，支持以上各种方法

1. requests.get()

在客户机和服务器之间进行请求-响应时，两种常被用到的方法是 get()和 post()。requests.get()方法是获取网页内容常用的方法之一，理解 requests.get()方法有助于更好地理解其他方法。requests.get()方法的语法格式如下：

```
r = requests.get(url,params,**kwargs)  #利用 requests.get()方法获取网页内容
```

其中，url 表示需要爬取的网站地址；params 为参数，是 URL 中的额外参数，格式为字典或者字节流，为可选；**kwargs 是 12 个控制访问的参数。

**kwargs 的主要参数如下，在 requests.get()方法中，第一个参数 params 作为单独的参数被列出。

1）params：字典或字节序列，作为参数增加到 URL 中，使用该参数可以把一些键值对以 key1=value1&key2=value2 的模式增加到 URL 中。代码如下：

```
kv = {'key1':'values','key2':'values'}    #将键值对参数传入 URL 中
r = requests.request('GET','http:www.python123.io/ws', params=kw)
```

2）data：字典、字节序列或文件对象，向服务器提交资源时填写，作为 request 的

内容。与 params 不同的是，data 提交的数据并不放在 URL 链接里，而是放在 URL 链接对应位置的地方作为数据来存储，它也可以接收一个字符串对象。

3）json：将 json 格式参数传入 URL 中，json 在 Web 开发中非常常见，也是 HTTP 经常使用的数据格式，json 可以作为参数向服务器提交。代码如下：

```
kv = {'key1': 'value1'}                  #将 json 参数传入 URL 中
r = requests.request('POST', 'http://python123.io/ws', json=kv)
```

4）headers：定义访问 HTTP 网站的 HTTP 头，可模拟浏览器对 URL 发起访问。代码如下：

```
hd = {'user-agent': 'Chrome/10'}          #将头部传入 URL 中
r = requests.request('POST', 'http://python123.io/ws', headers=hd)
```

5）cookies：字典或 CookieJar，指从 HTTP 中解析的 cookie。

6）auth：元组，用来支持 HTTP 认证功能。

7）files：字典，向服务器传输文件时使用的字段。代码如下：

```
fs = {'files': open('data.txt', 'rb')}     #将文件传入 URL 中
r = requests.request('POST', 'http://python123.io/ws', files=fs)
```

8）timeout：用于设定超时时间，单位为 s。当发起一个 get 请求时可以设置一个 timeout 时间，如果在 timeout 时间内请求内容没有返回，将产生一个 timeout 的异常。

9）proxies：字典，用来设置访问代理服务器。

10）allow_redirects：开关，表示是否允许对 URL 进行重定向，默认为 True。

11）Stream：开关，表示是否立即下载获取内容，默认为 True。

12）verify：开关，用于认证安全套接层（Secure Sockets Layer，SSL）证书，默认为 True。

13）cert：用于设置保存本地 SSL 证书路径。

requests.get()方法构造一个服务器请求 request，返回一个包含服务器资源的 response 对象。response 对象属性如表 9-2 所示。

表 9-2 response 对象属性

对象属性	说明
r.status_code	HTTP 请求的返回状态，若为 200 则表示请求成功
r.text	HTTP 响应内容的字符串形式，即返回的页面内容
r.encoding	根据 HTTP header 得出的相应内容编码方式
r.apparent_encoding	从内容中分析出的响应内容编码方式（备选编码方式）
r.content	HTTP 响应内容的二进制形式

以访问百度网站为例，requests.get()的使用方法及 response 对象各属性代码如下：

```
import requests                       #导入 requests 库
#利用 requests.get()方法得到百度网页内容
r = requests.get("http://www.baidu.com")
print(r.status_code)                  #输出请求返回状态
print(r.encoding)                     #输出请求编码方式
print(r.apparent_encoding)            #输出请求备选编码方式
print(r.text)                         #输出请求页面内容
```

输出信息为 response 对象各属性信息，结果如下：

```
200
ISO-8859-1
utf-8
<!DOCTYPE html>
<!--STATUS OK--><html> <head><meta http-equiv=content-type content=text/
html; charset=utf-8>…</p> </div> </div> </div> </body> </html>
```

以上 r.text 内容较长，故删除中间部分，能看出编码效果即可。

2. requests.head()

以访问 httpbin 网站为例，requests.head()的使用方法代码如下：

```
import requests                          #导入 requests 库
#利用 requests.get()方法得到网站头部信息
r = requests.head("http://httpbin.org/get")
print(r.headers)                         #输出网站头部信息
```

输出信息为 httpbin 网站头部信息，结果如下：

```
{'Connection': 'keep-alive', 'Server': 'gunicorn/19.8.1', 'Date': 'Thu,
  17 May 2018 06:11:00 GMT', 'Content-Type': 'application/json', 'Content-
  Length': '206', 'Access-Control-Allow-Origin': '*', 'Access-Control-Allow-
  Credentials': 'true', 'Via': '1.1 vegur'}
```

3. requests.post()

在客户机和服务器之间进行请求-响应时，常用方法除了 get()方法外，还有 post()方法。requests.get()方法能得到通过 get()方法访问的网页内容，而通过 post()方法访问的网站需要使用 requests.post()方法得到相应网站的内容。在使用 requests.post()方法时，需要向指定的资源提交要被处理的数据，其中常用的数据格式为字典或字符串。以提交字典数据为例，requests. post()的使用方法代码如下：

```
import requests                                      #导入 requests 库
payload = {"key1":"value1","key2":"value2"}       #定义被提交的数据
r = requests.post("http://httpbin.org/post",data=payload)
print(r.text)
```

输出信息为网站返回信息，结果如下：

```
{"args":{},
"data":"",
"files":{},
"form":
{"key1":"value1",
"key2":"value2"},
"headers":{"Accept":"*/*",
"Accept-Encoding":"gzip, deflate",
"Connection":"close",
"Content-Length":"23",
"Content-Type":"application/x-www-form-urlencoded",
"Host":"httpbin.org",
"User-Agent":"python-requests/2.18.4"},
"json":null,
```

```
"origin":"59.46.65.9",
"url":"http://httpbin.org/post"}
```

使用 requests.post()方法也可以提交字符串数据。以提交字符串数据为例，requests.post()方法的使用方法代码如下：

```
import requests                              #导入 requests 库
r = requests.post("http://httpbin.org/post",data='helloworld')
print(r.text)
```

输出信息为网站返回信息，结果如下：

```
{"args":{},
"data":"helloworld",
"files":{},
"form":{},
"headers":{"Accept":"*/*",
…省略部分内容…
"url":"http://httpbin.org/post"}
```

4. requests.put()

HTTP 定义了客户机与服务器的交互方法，除了常用的 get()方法和 post()方法外，还有 put()方法。与 post()方法类似，当要更新信息到 URL 时可使用 put()方法，但这种方法不常用。通过 put()方法访问网站，使用 requests.put()方法获得网页内容的代码如下：

```
import requests                              #导入 requests 库
payload = {"key1":"value1","key2":"value2"}     #定义 put()方法数据
r = requests.put("http://httpbin.org/put",data=payload)
print(r.text)
```

输出信息为通过 requests.put()方法获得的网页内容，结果如下：

```
{"args":{},
"data":"",
"files":{},
"form":
{"key1":"value1",
"key2":"value2"},
"headers":{"Accept":"*/*",
"Accept-Encoding":"gzip, deflate",
"Connection":"close",
"Content-Length":"23",
"Content-Type":"application/x-www-form-urlencoded",
"Host":"httpbin.org",
"User-Agent":"python-requests/2.18.4"},
"json":null,
"origin":"182.200.230.140",
"url":"http://httpbin.org/put"}
```

5. requests.patch()和 requests.delete()

requests.patch()方法和 request.put()方法类似，两者不同的是：当使用 patch()方法时仅需要提交需要修改的字段；而使用 request.put()方法时必须将全部字段一起提交到 URL，未提交字段将会被删除。patch()方法的优点是节省网络带宽。此外，requests.delete ()方法

可在向 html 提交删除请求时使用，使用方法与其他方法一致，这里不再赘述。

6. requests.request()

requests.request()方法支持上述所有方法，其使用方法代码如下：

```
requests.request(method, url,**kwargs)
```
各参数含义如下。

1）method：GET、HEAD、POST、PUT、PATCH 等。

2）url：请求的网站地址。

3）**kwargs：控制访问的参数。

在 requests.request()方法中，可以通过 method 参数调用不同的访问方法，其使用方法与其他方法类似，这里不再赘述。

9.2.3 访问异常处理

使用 requests 库获取网页内容时可能会产生异常，如网络连接错误、HTTP 错误异常、重定向异常、请求 URL 超时异常等。所以，需判断 r.status_codes 是否是 200，如果是 200，则说明请求成功，能够得到网页内容，否则得不到网页内容。这里可利用 r.raise_for_status()语句捕捉异常，该语句在方法内部判断 r.status_code 是否等于 200，并设置请求超时时间，如果在设置时间内没有返回 200，则抛出异常。根据这个方法，爬取网页的捕捉异常通用代码框架可以写成：

```
import requests                              #导入 requests 库
try:
    r = requests.get(url,timeout=30)         #请求超时时间为 30s
    r.raise_for_status()                     #如果状态不是 200，则引发异常
    r.encoding = r.apparent_encoding         #配置编码
    return r.text
except:
    return"产生异常"
```

在使用 Python 网络爬虫爬取网页内容时，要注意捕捉异常，保证网页内容能够正常获取。

9.2.4 requests 库应用案例

【例 9-1】　新闻内容的爬取。利用 requests 库爬取中国医科大学新闻网页内容，要爬取的新闻信息地址为 http://www.cmu.edu.cn/info/1019/5401.htm，新闻页面如图 9-1 所示。

利用 requests 库爬取上述页面，代码如下：

```
import requests                                   #导入 requests 库
url = 'http://www.cmu.edu.cn/info/1019/5401.htm'  #定义要抓取的网页地址
try:
    r = requests.get(url,timeout=30)              #请求超时时间为 30s
    r.raise_for_status()                          #如果状态不是 200，则引发异常
    r.encoding=r.apparent_encoding                #配置编码
    print(r.text[:2000])                          #输出部分信息
except:
    print("失败")
```

图 9-1 中国医科大学新闻页面

部分运行结果如下：

```
<!DOCTYPE html><HTML><HEAD><TITLE>学校基本数据-中国医科大学网站</TITLE>
<META charset="UTF-8">
<META content="edge" http-equiv="X-UA-Compatible">
<META name="viewport" content="width=device-width, initial-scale=1.0">
<LINK rel="stylesheet" type="text/css" href="../../css/common.css"><LINK
rel="stylesheet" type="text/css" href="../../css/mediaquery.css"><LINK rel=
"stylesheet" type="text/css" href="../../css/nav.css"><LINK rel="stylesheet"
type="text/css" href="../../css/special.css">

<!--Announced by Visual SiteBuilder 9-->
<link rel="stylesheet" type="text/css" href="../../_sitegray/_sitegray_
d.css" />
<script language="javascript" src="../../_sitegray/_sitegray.js"></script>
<!-- CustomerNO:7765626265723230797347565350544603050003 -->
<link rel="stylesheet" type="text/css" href="../../show_arcicle.vsb.css" />
<META Name="keywords" Content="中国医科大学网站,学校,基本,本数,数据" />
<META Name="description" Content="    中国医科大学是中国共产党最早创建的院校,
是唯一以学校名义走完红军两万五千里长征全程并在长征中继续办学的院校,是我国最早进行西医学
学院式教育的医学高校之一...
```

【例 9-2】 购物网站商品信息的爬取。以爬取京东网站商品信息为例，要爬取的商品信息地址为 https://item.jd.com/39505990528.html，商品页面如图 9-2 所示。

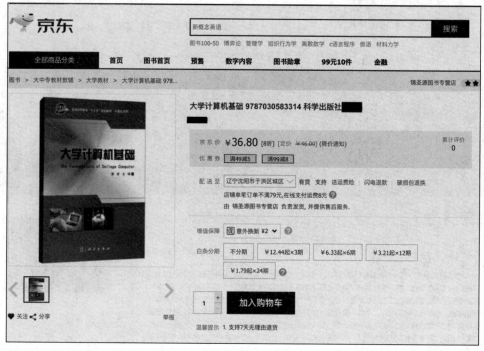

图 9-2　京东商品页面

利用 requests 库爬取上述页面，代码如下：

```
import requests                          #导入 requests 库
url=' https://item.jd.com/39505990528.html'  #定义要抓取的网页地址
try:
    r=requests.get(url,timeout=30)       #请求超时时间为 30 秒
    r.raise_for_status()                 #如果状态不是 200，则引发异常
    r.encoding=r.apparent_encoding       #配置编码
    print(r.text[:2000])                 #输出部分信息
except:
    print("失败")
```

上述代码部分运行结果如下：

```
<!DOCTYPE HTML>
<html lang="zh-CN">
<head>
    <!--new book-->
    <meta http-equiv="Content-Type" content="text/html; charset=gbk" />
    <title>《大学计算机基础 9787030583314 科学出版社,》【摘要 书评 试读】- 京东图书</title>
    <meta name="keywords" content="大学计算机基础 9787030583314 科学出版社 娄岩,,,科学出版社,9787030583314,,在线购买,折扣,打折"/>...
```

【例 9-3】　搜索引擎的爬取。以百度为例，搜索某一关键字的地址为 http://www.baidu.com/s?wd=keyword。在这个地址中，keyword 为要搜索的关键字，所以需要将关键字作为参数传入搜索地址中，搜索页面如图 9-3 所示。

图 9-3　百度搜索页面

将 keyword 作为参数传入搜索地址中，代码如下：

```
import requests                        #导入 requests 库
keyword='python'     #定义搜索关键字
try:
    key={'wd':keyword}                  #定义关键字参数
    r=requests.get('http://www.baidu.com/s',params=key)
    r.raise_for_status()                #如果状态不是 200，则引发异常
    r.encoding=r.apparent_encoding      #配置编码
    print(r.text)                       #输出部分信息
except:
    print("失败")
```

上述代码部分运行结果如下：

```
…<div class="result-op c-container xpath-log"  srcid="1547"  id="5"
tpl="bk_polysemy" mu="https://baike.baidu.com/item/python/22480826" data-
op="{'y':'F1FFD3F5'}"  data-click="{'p1':'5','rsv_  bdr':'0','fm':'albk',
rsv_stl:''}"><h3 class="t c-gap-bottom-small"><a href= "http://www.baidu.com/
link?url=W2s...7fW" target="_blank"> python_百度百科</a>
    </h3><div class="c-row"><div class="c-span6"><a href="http://www.baidu.com/
link?url=W2s...7fW" target="_blank" class="op-bk-polysemy-album op-se-listen-
recommend" style="_height:91px">
                <img class="c-img c-img6" src="http://t12.baidu.com/it/u=
3380033408,1991280375&fm=58&bpow=750&bpoh=500" /></a></div><div class="c-span18
c-span-last"><p>
    Python 是一种跨平台的计算机程序设计语言。是一种面向对象的动态类型语言，最初被设计用
于编写自动化脚本(shell)，随着版本的不断更新和语言新功能的添加，越来越多被用于独立的、大
型项目的开发。...</p>…
```

9.3　BeautifulSoup 库

9.2 节介绍了 requests 库的使用方法和应用案例，通过 requests 库可以获取网页的 html 或者其他形式的内容，但是这些内容太过于繁杂，所以需对这些内容进行处理和提取，得到整理后真实有用的数据。Python 提供了很多对内容进行处理及提取的库，如 BeautifulSoup 库和 PyQuery 库等，其中 BeautifulSoup 库是用于解析 html 或者 xml 文档的库，是解析、遍历及维护标签树的功能库，可以方便地提取爬取到的网页内容。

9.3.1　BeautifulSoup 库的安装

1. pip 命令安装

安装 BeautifulSoup 库最简单的方法是在命令行输入命令 pip install beautifulsoup4。代码如下：

```
pip install beautifulsoup4
```

2. 下载安装包安装

由于 pip 命令可能安装失败，因此有时需通过下载第三方库文件来进行安装。安装包地址为 https://www.crummy.com/software/BeautifulSoup，具体安装过程不再赘述。安装后应测试 BeautifulSoup 库是否安装正确，在交互式环境中输入 from bs4 import BeautifulSoup，如果没有任何报错信息，说明 BeautifulSoup 库已经安装成功。代码如下：

```
from bs4 import BeautifulSoup      #导入 BeautifulSoup 库
```

9.3.2　BeautifulSoup 库的使用方法

BeautifulSoup 库可以解析多种格式的文档，因此可被用作不同的解析器，各种解析器的使用方法和优缺点如表 9-3 所示。

表 9-3　BeautifulSoup 库不同解析器比较

解析器	使用方法	优点	缺点
Python 标准库	BeautifulSoup(markup, "html.parser")	Python 的内置标准库，执行速度适中	文档容错能力差
lxml HTML 解析器	BeautifulSoup(markup, "lxml")	速度快，文档容错能力强	需要安装 C 语言库
lxml XML 解析器	BeautifulSoup(markup, "xml")	速度快，唯一支持 XML 的解析器	需要安装 C 语言库
html5lib	BeautifulSoup(markup, "html5lib")	最好的容错性，以浏览器的方式解析文档，生成 HTML5 格式的文档	速度慢

BeautifulSoup 支持 Python 标准库中的 HTML 解析器，还支持第三方解析器。如果不安装第三方解析器，则会使用 Python 默认的解析器。第三方解析器中 lxml 解析器容错能力强，速度更快，是常用的第三方解析器。

为了更好地理解 BeautifulSoup 的使用方法，抓取并处理示例网页的内容，地址为

http://python123.io/ws/demo.html。首先利用 requests 库抓取示例网页内容，代码如下：

```
import requests                              #导入 requests 库
url='http://python123.io/ws/demo.html'      #定义抓取网页地址
try:
    r=requests.get(url,timeout=30)          #请求超时时间为 30s
    r.raise_for_status()                    #如果状态不是 200，则引发异常
    r.encoding=r.apparent_encoding          #配置编码
    print(r.text)                           #输出部分信息
except:
    print("失败")
```

抓取示例网页运行结果如下：

```
<html><head><title>This is a python demo page</title></head>
<body>
<p class="title"><b>The demo python introduces several python
courses.</b></p>
<p class="course">Python is a wonderful general-purpose programming
language. You can learn Python from novice to professional by tracking the
following courses:
<a href="http://www.icourse163.org/course/BIT-268001" class="py1" id=
"link1">Basic Python</a> and <a href="http://www.icourse163.org/course/BIT-
1001870001" class="py2" id="link2">Advanced Python</a>.</p>
</body></html>
```

通过抓取到的示例网页内容可知，示例网页包括不同类型的标签及 CSS 类。
BeautifulSoup 库中 lxml 解析器的一般使用方法如下：

```
import requests                              #导入 requests 库
from bs4 import BeautifulSoup                #导入 BeautifulSoup 库
r = requests.get("http://python123.io/ws/demo.html")   #抓取网页内容
soup = BeautifulSoup(r.text,"lxml")         #使用 lxml 解析器解析网页内容
print(soup.title.string)                    #输出 title 标签下的字符
```

上述代码通过 BeautifulSoup 库提取了示例网页内容中 title 标签下的字符文本，运行结果如下：

```
This is a python demo page
```

在处理与提取网页内容时，BeautifulSoup 库有标签选择器、标准选择器和 CSS 选择器 3 种方式，不同选择器在提取网页内容时略有不同。

1. 标签选择器

利用标签选择器可以方便地提取网页内容中各标签的元素、名称、属性、内容等信息。获取网页内容中的元素信息，代码如下：

```
import requests                              #导入 requests 库
from bs4 import BeautifulSoup                #导入 BeautifulSoup 库
r = requests.get("http://python123.io/ws/demo.html")   #抓取网页内容
soup = BeautifulSoup(r.text,"lxml")         #使用 lxml 解析器解析网页内容
print(soup.title)                           #输出 title 信息
print(type(soup.title))                     #输出 title 类型
print(soup.head)                            #输出 head 信息
print(soup.p)                               #输出 p 标签信息
```

运行结果如下：

```
<title>This is a python demo page</title>
<class 'bs4.element.Tag'>
<head><title>This is a python demo page</title></head>
<p class="title"><b>The demo python introduces several python courses.</b>
</p>
```

获取各项元素的名称信息，代码如下：

```
import requests                              #导入 requests 库
from bs4 import BeautifulSoup                #导入 BeautifulSoup 库
r=requests.get("http://python123.io/ws/demo.html")    #抓取网页内容
soup=BeautifulSoup(r.text,"lxml")           #使用 lxml 解析器解析网页内容
print(soup.title.name)                      #输出 title 元素的名称
```

运行结果如下：

```
title
```

获取元素的属性信息，代码如下：

```
import requests                              #导入 requests 库
from bs4 import BeautifulSoup                #导入 BeautifulSoup 库
r=requests.get("http://python123.io/ws/demo.html")    #抓取网页内容
soup=BeautifulSoup(r.text,"lxml")           #使用 lxml 解析器解析网页内容
print(soup.a.attrs['href'])                 #输出 a 元素的 href 属性
print(soup.a['href'])                       #另一种获取 a 元素的 href 属性的方法
```

运行结果如下：

```
http://www.icourse163.org/course/BIT-268001
http://www.icourse163.org/course/BIT-268001
```

获取元素的内容信息，代码如下：

```
import requests                              #导入 requests 库
from bs4 import BeautifulSoup                #导入 BeautifulSoup 库
r=requests.get("http://python123.io/ws/demo.html")    #抓取网页内容
soup=BeautifulSoup(r.text,"lxml")           #使用 lxml 解析器解析网页内容
print(soup.a.string)                        #输出 a 元素的文本内容
```

运行结果如下：

```
Basic Python
```

也可以嵌套提取网页内容，代码如下：

```
import requests                              #导入 requests 库
from bs4 import BeautifulSoup                #导入 BeautifulSoup 库
r=requests.get("http://python123.io/ws/demo.html")    #抓取网页内容
soup=BeautifulSoup(r.text,"lxml")           #使用 lxml 解析器解析网页内容
print(soup.head.title.string)               #输出 head 中 title 的文本内容
```

运行结果如下：

```
This is a python demo page
```

在提取网页内容时，可提取相应元素的子节点或者子孙节点。代码如下：

```
import requests                              #导入 requests 库
from bs4 import BeautifulSoup                #导入 BeautifulSoup 库
r=requests.get("http://python123.io/ws/demo.html")    #抓取网页内容
soup=BeautifulSoup(r.text,"lxml")           #使用 lxml 解析器解析网页内容
#以列表的形式返回子节点
print(soup.p.contents)
```

```
#以迭代器的形式返回子节点
print(soup.p.children)
for i,child in enumerate(soup.p.children):
    print(i,child)
#以迭代器的形式返回子孙节点
print(soup.p.descendants)
for i,child in enumerate(soup.p.descendants):
    print(i,child)
```

运行结果如下：

```
[<b>The demo python introduces several python courses.</b>]
<list_iterator object at 0x0000000003BD6080>
0 <b>The demo python introduces several python courses.</b>
<generator object descendants at 0x0000000003B7CF10>
0 <b>The demo python introduces several python courses.</b>
1 The demo python introduces several python courses.
```

在提取网页内容时，可提取相应元素的父节点或者祖先节点。代码如下：

```
import requests                              #导入 requests 库
from bs4 import BeautifulSoup                #导入 BeautifulSoup 库
r=requests.get("http://python123.io/ws/demo.html")    #抓取网页内容
soup=BeautifulSoup(r.text,"lxml")            #使用 lxml 解析器解析网页内容
#获取 a 标签的父节点
print(soup.a.parent)
#获取 a 标签的父节点和祖先节点
print(list(enumerate(soup.a.parents)))
```

部分运行结果如下：

```
<p class="course">Python…courses:
<a class="py1"… Python</a>.</p>
[(0, <p class="course">Python….courses:
<a class="py1"…Python</a>.</p>), (1, <body>
<p class="title"><b>The…courses.</b></p>
<p class="course">Python…courses:
<a class="py1"… Python</a>.</p>
</body>), (2, <html><head><title>This…page</title></head>
<body>
<p class="title"><b>The…courses.</b></p>
<p class="course">Python…courses:
<a class="py1"…Python</a>.</p>
</body></html>), (3, <html><head><title>This…page</title></head>
<body>
<p class="title"><b>The…courses.</b></p>
<p class="course">Python…courses:
<a class="py1"…Python</a>.</p>
</body></html>)]
```

在提取网页内容时，可提取相应元素的兄弟节点。代码如下：

```
import requests                              #导入 requests 库
from bs4 import BeautifulSoup                #导入 BeautifulSoup 库
r=requests.get("http://python123.io/ws/demo.html")    #抓取网页内容
soup=BeautifulSoup(r.text,"lxml")            #使用 lxml 解析器解析网页内容
print(soup.p.previous_siblings)              #输出上一个兄弟节点
```

```
print(soup.p.next_siblings)                    #输出下一个兄弟节点
```
运行结果如下：
```
<generator object previous_siblings at 0x0000000003B7CF10>
<generator object next_siblings at 0x0000000003B7CF10>
```

2. 标准选择器

标准选择器主要通过 find_all 或者 find 命令查找名称或者属性，从而提取相应内容。find_all 命令返回符合条件的所有内容，可通过名称进行查找。代码如下：
```
import requests                              #导入 requests 库
from bs4 import BeautifulSoup               #导入 BeautifulSoup 库
r=requests.get("http://python123.io/ws/demo.html")    #抓取网页内容
soup=BeautifulSoup(r.text,"lxml")           #使用 lxml 解析器解析网页内容
print(soup.find_all("p"))                   #输出所有名称为 p 的内容列表
for item in soup.find_all("p"):             #在名称为 p 的内容中,输出含有 a 的内容
    print(item.find_all("a"))
```
首先输出所有名称为 p 的内容列表，然后在所有名称为 p 的内容中输出含有 a 的内容，运行结果如下：
```
[<p class="title"><b>The demo python introduces several python courses.</b>
</p>, <p class="course">Python…courses:
 <a class="py1" href="http://www…/BIT-268001" id="link1">Basic Python</a>
and <a class="py2" href="http:…BIT-1001870001" id="link2">Advanced Python
</a>.</p>]
 []
 [<a class="py1" href="http://www…BIT-268001" id="link1">Basic Python
</a>, <a class="py2" href="http://www.icourse163.org/course/BIT-1001870001"
id="link2">Advanced Python</a>]
```
标准选择器也可通过属性进行查找，如 id、class 等。代码如下：
```
import requests                              #导入 requests 库
from bs4 import BeautifulSoup               #导入 BeautifulSoup 库
r=requests.get("http://python123.io/ws/demo.html")    #抓取网页内容
soup=BeautifulSoup(r.text,"lxml")           #使用 lxml 解析器解析网页内容
print(soup.find_all(attrs={"id":"link2"}))
print(soup.find_all(attrs={"class":"title"}))
print(soup.find_all(id="link2"))
print(soup.find_all(class_="title"))
```
运行结果如下：
```
[<a class="py2" href="http://www.icourse163.org/course/BIT-1001870001"
id="link2">Advanced Python</a>]
 [<p class="title"><b>The demo python introduces several python courses.</b>
</p>]
 [<a class="py2" href="http://www.icourse163.org/course/BIT-1001870001"
id="link2">Advanced Python</a>]
 [<p class="title"><b>The demo python introduces several python courses.</b>
</p>]
```
标准选择器除了 find_all 或者 find 命令外，还有其他命令，如表 9-4 所示。

表 9-4 标准选择器命令

命令	说明
find_parents()	返回所有祖先节点
find_parent()	返回直接父节点
find_next_siblings()	返回后面所有兄弟节点
find_next_sibling()	返回后面第一个兄弟节点
find_previous_siblings()	返回前面所有的兄弟节点
find_previous_sibling()	返回前面第一个兄弟节点
find_all_next()	返回节点后所有符合条件的节点
find_next()	返回节点后第一个符合条件的节点
find_all_previous()	返回节点后所有符合条件的节点
find_previous()	返回第一个符合条件的节点

以上命令的使用方法与 find_all 命令类似，不再赘述。

3. CSS 选择器

CSS 选择器通过 select()函数传入的 CSS 选择器进行选择，可获取名称、属性或文本内容，从而提取相应内容。代码如下：

```
import requests                              #导入 requests 库
from bs4 import BeautifulSoup                #导入 BeautifulSoup 库
r=requests.get("http://python123.io/ws/demo.html")    #抓取网页内容
soup=BeautifulSoup(r.text,"lxml")           #使用 lxml 解析器解析网页内容
print(soup.select(".title b"))              #输出 class 为 title 的标签为 b 的内容
print(soup.select("#link2"))                #输出 id 为 link2 的内容
```

在提取过程中，提取 class 项时在 class 名前加 "."，提取 id 项时在 id 名前加 "#"，其他项不加前缀。运行结果如下：

```
[<b>The demo python introduces several python courses.</b>]
[<a class="py2" href="http://www.icourse163.org/course/BIT-1001870001"
id="link2">Advanced Python</a>]
```

利用 CSS 选择器提取的内容为符合条件的所有内容，即返回值为列表。如果要继续提取下属内容，可使用[0]提取符合条件的第一条内容，再继续进行属性等的提取。代码如下：

```
import requests                              #导入 requests 库
from bs4 import BeautifulSoup                #导入 BeautifulSoup 库
r=requests.get("http://python123.io/ws/demo.html")  #抓取网页内容
soup=BeautifulSoup(r.text,"lxml")            #使用 lxml 解析器解析网页内容
print(soup.select("#link2")[0]["class"])     #输出 id 为 link2 的 class 属性
print(soup.select("#link2")[0].attrs["class"])       #同上功能的另一种形式
```

运行结果如下：

```
['py2']
['py2']
```

利用 CSS 选择器也可获得标签里的文本内容，代码如下：

```
import requests                              #导入 requests 库
from bs4 import BeautifulSoup                #导入 BeautifulSoup 库
r=requests.get("http://python123.io/ws/demo.html")   #抓取网页内容
soup=BeautifulSoup(r.text,"lxml")           #使用 lxml 解析器解析网页内容
print(soup.select("#link2")[0].get_text())  #输出 id 为 link2 中的文本内容
```
运行结果如下：
```
Advanced Python
```

9.3.3 BeautifulSoup 库应用案例

【例 9-4】　爬取豆瓣读书书目。利用 BeautifulSoup 库可提取爬取网页的内容，得
到有价值的信息，如提取豆瓣读书页面中的书目信息，豆瓣读书页面地址为
https://book.douban.com，如图 9-4 所示。

图 9-4　豆瓣读书页面

首先利用 requests 库爬取网页内容，代码如下：
```
import requests                              #导入 requests 库
from bs4 import BeautifulSoup                #导入 BeautifulSoup 库
r=requests.get("https://book.douban.com/")  #抓取豆瓣读书内容
soup=BeautifulSoup(r.text,"lxml")           #使用 lxml 解析器解析网页内容
print(soup)                                 #输出爬取到的内容
```
运行结果为豆瓣读书网页 html 代码，可看到书目信息结构，代码如下：
```
<div class="bd"><div class="carousel"><div class="slide-list">
<ul class="list-col list-col5 list-express slide-item"><li class="">
<div class="cover"><a href="https://book.douban.com/subject/30194861/?
icn=index-editionrecommend" title="迷宫森林"><img alt="迷宫森林" class=""
height="172px" src="https://img1.doubanio.com/view/subject/m/public/s29740437.jpg"
width="115px"/>
</a></div><div class="intervenor-info">
```

```
<img class="jd-icon" height="16" src="https://img3.doubanio.com/f/book/
ef040178fab1770d60e3f2f12ba4c7aa70714396/pics/book/partner/jd_recommend.
png" width="16"/>
<span>推荐</span>
</div><div class="info"><div class="title"><a class="" href="https://
book.douban.com/subject/30194861/?icn=index-editionrecommend" title="迷宫森
林">迷宫森林</a>
</div><div class="author">
            [美] 梅利莎·阿尔伯特
        </div>
<div class="more-meta"><h4 class="title">
        迷宫森林
        </h4><p><span class="author">
        [美] 梅利莎·阿尔伯特
        </span>
        /
        <span class="year">
         2018-5
        </span>
        /
        <span class="publisher">
        百花洲文艺出版社
</span></p><p class="abstract">
            17 岁…机缘巧合,…
            </p>
</div></div></li>
```

以上信息为某一书目的 html 代码,由于篇幅有限在内容上进行了一定的截取,但结构与原 html 代码一致。在爬取到的豆瓣读书 html 代码中,还可看到类似的其他书目信息,结构与上述代码结构一致。通过观察发现,所有书目信息都放在"<ul class="list-col list-col5 list-express slide-item">…</ul>"里,每条书目在<ul>标签里的<li>标签里,包含书目相关信息,包括书名、作者等。首先提取书名,其中书名被包含在 class 为 cover 的标签里,在 a 标签中的 title 里。代码如下:

```
import requests                                    #导入 requests 库
from bs4 import BeautifulSoup                       #导入 BeautifulSoup 库
r=requests.get("https://book.douban.com/")         #抓取豆瓣读书内容
soup=BeautifulSoup(r.text,"lxml")                   #使用 lxml 解析器解析网页内容
for li in soup.select('.list-express li'):         #提取网页上所有书目信息
    print(li.select('.cover')[0].a['title'])       #提取书目的书名
```

在上述代码中,利用 BeautifulSoup 库的 CSS 选择器提取书目信息。因为 li.select('.cover')的返回信息为列表,所以需提取列表的第一个元素,即使用 li.select ('.cover')[0]命令,通过提取返回页面的所有书目的书名。部分运行结果如下:

```
迷宫森林
假如真有时光机
读书毁了我
每一天梦想练习
纽约:一座超级城市是如何运转的
…
```

按照结构依次提取所有书目的相关信息，包括书目链接、书名、作者、出版日期信息。代码如下：

```
import requests                          #导入 requests 库
from bs4 import BeautifulSoup            #导入 BeautifulSoup 库
r=requests.get("https://book.douban.com/")  #抓取豆瓣读书内容
soup=BeautifulSoup(r.text,"lxml")        #使用 lxml 解析器解析网页内容
for li in soup.select('.list-express li'):  #提取网页上所有书目信息
    urlTit = li.select('.cover')
    print(urlTit[0].a['href'],end=" ")    #提取书目链接
    print(urlTit[0].a['title'],end=" ")   #提取书名
    print(li.select('.info p .author')[0].string.strip(),end=" ")
#提取作者
    print(li.select('.info p .year')[0].string.strip())  #提取出版日期
```

部分运行结果如下：

```
https://book.douban.com/subject/30194861/?icn=index-editionrecommend
迷宫森林 [美] 梅利莎·阿尔伯特 2018-5
https://book.douban.com/subject/30177173/?icn=index-editionrecommend
假如真有时光机 [日] 村上春树 2018-5-1
https://book.douban.com/subject/30180756/?icn=index-editionrecommend
读书毁了我 王强 2018-3
...
```

利用 BeautifulSoup 库的标准选择器或标签选择器同样可实现提取，利用标准选择器提取豆瓣读书书目信息的代码如下：

```
import requests                          #导入 requests 库
from bs4 import BeautifulSoup            #导入 BeautifulSoup 库
r=requests.get("https://book.douban.com/")  #抓取豆瓣读书内容
soup=BeautifulSoup(r.text,"lxml")        #使用 lxml 解析器解析网页内容
for ul in soup.find_all(class_="list-col list-col5 list-express slide-item"):
    for li in ul.find_all('li'):
        urlTit = li.find(class_='cover')
        print(urlTit.a['href'], end=" ")    #提取书目链接
        print(urlTit.a['title'], end=" ")   #提取书名
        print(li.find(class_='author').string.strip(), end=" ")#提取作者
        print(li.find(class_='year').string.strip())   #提取出版日期
```

其结果与利用 CSS 选择器提取的结果一致，部分运行结果如下：

```
https://book.douban.com/subject/30194861/?icn=index-editionrecommend
迷宫森林 [美] 梅利莎·阿尔伯特 2018-5
https://book.douban.com/subject/30177173/?icn=index-editionrecommend
假如真有时光机 [日] 村上春树 2018-5-1
https://book.douban.com/subject/30180756/?icn=index-editionrecommend
读书毁了我 王强 2018-3
...
```

【例 9-5】　爬取猫眼电影 TOP100 榜。例 9-4 中爬取了豆瓣读书页面的书目信息，页面相对简单，在此例中爬取猫眼电影 TOP100 榜的 100 部电影信息，页面地址为 http://maoyan.com/board/4?，如图 9-5 所示。

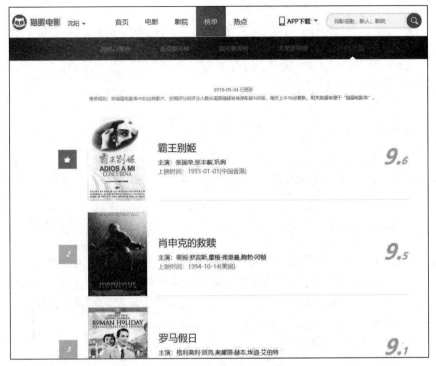

图 9-5　猫眼电影 TOP100 页面

通过浏览网页可发现，每个页面有 10 部电影信息，一共有 10 页，如图 9-6 所示。

图 9-6　猫眼电影 TOP100 分页

每个页面的访问地址不同，首先爬取第一页中的 10 部电影信息，利用 requests 库爬取获得页面的所有 html 内容。代码如下：

```
import requests                              #导入 requests 库
from bs4 import BeautifulSoup                #导入 BeautifulSoup 库
r=requests.get("http://maoyan.com/board/4?") #抓取猫眼电影页面内容
soup=BeautifulSoup(r.text,"lxml")           #使用 lxml 解析器解析网页内容
print(soup)                                 #输出爬取到的内容
```

部分运行结果如下：

```
...
<header>
<h3><span class="icon">⊝□</span>
很抱歉，您的访问被禁止了</h3>
</header>
<main>
<p>💡 如何恢复？</p>
<ol>
<li>
        您可以尝试切换网络环境，例如：关闭 Wi-Fi、关闭 VPN 等网络代理再尝试访问
    </li>
<li>
        如果您认为当前网络的封禁是误报，请提交您的联系方式，以便我们核实
...
```

通过上述结果可知，请求网站并没有返回想要的内容，这是因为该网站加入了反爬虫机制。有些网站为了防止有人利用爬虫程序进行恶意网站攻击，会加入一些反爬虫机制，其中比较常用的是辨别请求头信息。浏览器在向服务器发起网络请求时，都会发送一个头文件，即 headers。例如，猫眼电影的 requests headers 如下：

```
Accept:text/html,application/xhtml+xml,application/xml;q=0.9,image/we
bp,*/*;q=0.8
Accept-Encoding:gzip, deflate, sdch
Accept-Language:zh-CN,zh;q=0.8
Cache-Control:max-age=0
Connection:keep-alive
Cookie:uuid=1A6E888…886FF1;__mta=1549…2.11; _lxsdk_s=%7C%7C0
Host:maoyan.com
Upgrade-Insecure-Requests:1
User-Agent:Mozilla/5.0 (Windows NT 10.0; WOW64) AppleWebKit/537.36 (KHTML,
like Gecko) Chrome/55.0.2883.87 Safari/537.36
```

上述头部信息中的大多数字段是浏览器向服务器"表明身份"用的，服务器根据请求头信息判断发起请求的是浏览器还是爬虫程序。如果有头部信息，服务器认为是浏览器发起的请求，即用户，服务器将正常返回网页内容；如果没有头部信息，服务器认为是爬虫程序发起的请求，不会返回正常的网页内容。因此，爬虫程序访问具有这种反爬虫机制的网站，在发起请求时需要加入头部信息，将自己伪装成浏览器。代码如下：

```
import requests                          #导入 requests 库
from bs4 import BeautifulSoup            #导入 BeautifulSoup 库
#定义头部信息
header = {
'Accept': 'text/html,application/xhtml+xml…q=0.8',
'Accept-Encoding': 'gzip, deflate, sdch',
'Accept-Language': 'zh-CN,zh;q=0.8',
'Cache-Control': 'max-age=0',
'Connection': 'keep-alive',
'Cookie': 'uuid=1A6E888…886FF1;__mta=1549…2.11; _lxsdk_s=%7C%7C0;',
'Host': 'maoyan.com',
'Upgrade-Insecure-Requests': '1',
```

```
'User-Agent': 'Mozilla/5.0 (Windows NT 10.0; WOW64) AppleWebKit/537.36
(KHTML, like Gecko) Chrome/55.0.2883.87 Safari/537.36'}

r=requests.get("http://maoyan.com/board/4?", headers=header)
#加入头部信息
soup=BeautifulSoup(r.text,"lxml")     #使用 lxml 解析器解析网页内容
print(soup)                           #输出爬取到的内容
```

在 requests.get()方法中加入请求头信息,此时返回结果为网页正常 html 代码。部分运行结果如下:

```
...
<dl class="board-wrapper">
<dd>
<i class="board-index board-index-1">1</i>
<a class="image-link" data-act="boarditem-click" data-val="{movieId:1203}"
href="/films/1203" title="霸王别姬">
<img alt="" class="poster-default" src="//ms0.meituan.net/mywww/image/
loading_2.e3d934bf.png"/>
<img alt="霸王别姬" class="board-img" data-src="http://p1.meituan.net/
movie/20803f59291c47e1e116c11963ce019e68711.jpg@160w_220h_1e_1c"/>
</a>
<div class="board-item-main">
<div class="board-item-content">
<div class="movie-item-info">
<p class="name"><a data-act="boarditem-click" data-val="{movieId:1203}"
href="/films/1203" title="霸王别姬">霸王别姬</a></p>
<p class="star">
              主演:张国荣,张丰毅,巩俐
      </p>
<p class="releasetime">上映时间:1993-01-01(中国香港)</p> </div>
<div class="movie-item-number score-num">
<p class="score"><i class="integer">9.</i><i class="fraction">6</i></p>
...
```

以上信息为一部电影的 html 代码,由于篇幅有限在内容上进行了一定的截取,但结构与原 html 代码一致。在爬取到的猫眼电影页面 html 代码中,还可看到类似的其他电影信息,结构与上述代码结构一致。通过观察发现,每部电影信息都放在<dd>标签里,包括电影名称、演员信息、评分及电影封面等。首先提取电影名,其被包含在 class 为 movie-item-info 下属的 name 标签里。代码如下:

```
import requests                       #导入 requests 库
from bs4 import BeautifulSoup         #导入 BeautifulSoup 库
#定义头部信息
header = {
'Accept': 'text/html,application/xhtml+xml…q=0.8',
…}

r=requests.get("http://maoyan.com/board/4?", headers=header)#加入头部信息
soup=BeautifulSoup(r.text,"lxml")     #使用 lxml 解析器解析网页内容
for li in soup.select('dd'):          #提取每部电影信息
    print(li.select('.movie-item-info .name')[0].string.strip())#电影名
```

运行结果如下：

```
霸王别姬
肖申克的救赎
罗马假日
这个杀手不太冷
教父
泰坦尼克号
龙猫
唐伯虎点秋香
魂断蓝桥
千与千寻
```

按照结构依次提取当前页面的 10 部电影信息，包括电影封面、电影名、主演、上映时间和评分信息。代码如下：

```
import requests                          #导入 requests 库
from bs4 import BeautifulSoup            #导入 BeautifulSoup 库
header = {
'Accept': 'text/html,application/xhtml+xml…q=0.8',
…}
#以上定义头部信息

r=requests.get("http://maoyan.com/board/4?", headers=header)#加入头部信息
soup=BeautifulSoup(r.text,"lxml")        #使用 lxml 解析器解析网页内容
for li in soup.select('dd'):
    print(li.select('.board-img')[0]['data-src'],end=" ")  #电影封面
    p = li.select('.movie-item-info')[0]
    print(p.select('.name')[0].string.strip(),end=" ")        #电影名
    print(p.select('.star')[0].string.strip(),end=" ")        #主演
    print(p.select('.releasetime')[0].string.strip(),end=" ")  #上映时间
    score = li.select('[class="movie-item-number score-num"]')[0] #评分
    print(score.select('.integer')[0].string.strip(), end=" ")
    print(score.select('.fraction')[0].string.strip())
```

部分运行结果如下：

```
    http://p1.meituan.net/movie/208…711.jpg@160w_220h_1e_1c 霸王别姬 主演：
张国荣, 张丰毅, 巩俐 上映时间: 1993-01-01(中国香港) 9. 6
    http://p0.meituan.net/movie/___4019…h_1e_1c 肖申克的救赎 主演：蒂姆·罗宾斯,
摩根·弗里曼, 鲍勃·冈顿 上映时间: 1994-10-14(美国) 9. 5
    http://p0.meituan.net/movie/23/6009725.jpg@160w_220h_1e_1c 罗马假日 主
演：格利高利·派克, 奥黛丽·赫本, 埃迪·艾伯特 上映时间: 1953-09-02(美国) 9. 1
    http://p0.meituan.net/movie/fc9…304.jpg@160w_220h_1e_1c 这个杀手不太冷
主演：让·雷诺, 加里·奥德曼, 娜塔莉·波特曼 上映时间: 1994-09-14(法国) 9. 5
    http://p0.meituan.net/movie/92/8212889.jpg@160w_220h_1e_1c 教父 主演：马
龙·白兰度, 阿尔·帕西诺, 詹姆斯·凯恩 上映时间: 1972-03-24(美国) 9. 3
```

通过以上方法爬取了一个页面中 10 部电影的信息，现要爬取榜单 100 部电影的信息。单击猫眼电影网页的不同页码，第二页的网址为 http://maoyan.com/board/4?offset=10，第三页的网址为 http://maoyan.com/board/4?offset=20，观察发现，每页都在原有地址上增加了 offset=×，其中×为 10 的倍数。可通过循环方式依次爬取其他页面，得到所有电影的信息。代码如下：

```
import requests                                  #导入 requests 库
```

```
from bs4 import BeautifulSoup                    #导入 BeautifulSoup 库
#定义头部信息
header = {
'Accept': 'text/html,application/xhtml+xml…q=0.8',
…}
#以下为通过循环方式依次取得不同页面的电影信息
for offset in range(10):
    url = 'http://maoyan.com/board/4?offset=' + str(offset*10)#定义地址
    r=requests.get(url, headers=header) #抓取猫眼电影网页内容
    soup=BeautifulSoup(r.text,"lxml")    #使用 lxml 解析器解析网页内容
    for li in soup.select('dd'):
        print(li.select('.board-img')[0]['data-src'],end=" ")   #电影封面
        p = li.select('.movie-item-info')[0]
        print(p.select('.name')[0].string.strip(),end=" ")         #电影名
        print(p.select('.star')[0].string.strip(),end=" ")         #主演
        print(p.select('.releasetime')[0].string.strip(),end=" ")
        score = li.select('[class="movie-item-number score-num"]')[0]
        #评分
        print(score.select('.integer')[0].string.strip(), end=" ")
        print(score.select('.fraction')[0].string.strip())
```

通过上述方法，顺利输出了 100 部电影信息。部分运行结果如下：

```
http://p1.meituan.net/movie/208…711.jpg@160w_220h_1e_1c 霸王别姬 主演：
张国荣，张丰毅，巩俐 上映时间：1993-01-01(中国香港) 9．6
http://p0.meituan.net/movie/__4019…h_1e_1c 肖申克的救赎 主演：蒂姆・罗宾斯,
摩根・弗里曼，鲍勃・冈顿 上映时间：1994-10-14(美国) 9．5
http://p0.meituan.net/movie/23/6009725.jpg@160w_220h_1e_1c 罗马假日 主
演：格利高利・派克，奥黛丽・赫本，埃迪・艾伯特 上映时间：1953-09-02(美国) 9．1
…
100 部电影信息
…
http://p0.meituan.net/movie/5102b3f7261caa09c1c9b1212f09cc1f461902.pn
g@160w_220h_1e_1c 英雄本色 主演：狄龙，张国荣，周润发 上映时间：2017-11-17 9．2
```

通过网络爬虫爬取的数据是数据采集的重要部分，可将采集到的数据存储到相应的文件中，以便后续数据分析工作使用。此例将数据以 json 格式存储到文本文件中，代码如下：

```
import requests                                  #导入 requests 库
from bs4 import BeautifulSoup                    #导入 BeautifulSoup 库
import json                                      #导入 json
#定义头部信息
header = {
'Accept': 'text/html,application/xhtml+xml…q=0.8',
…}
#以下为通过循环方式依次取得不同页面的电影信息
for offset in range(10):
    url = 'http://maoyan.com/board/4?offset=' + str(offset*10)#定义地址
    r=requests.get(url, headers=header) #抓取猫眼电影网页内容
    soup=BeautifulSoup(r.text,"lxml")    #使用 lxml 解析器解析网页内容
    for li in soup.select('dd'):
        movieImg = li.select('.board-img')[0]['data-src']   #电影封面
```

```
        p = li.select('.movie-item-info')[0]
        movieName = p.select('.name')[0].string.strip()     #电影名
        movieActor = p.select('.star')[0].string.strip()    #主演
        releaseTime = p.select('.releasetime')[0].string.strip()#上映时间
        score = li.select('[class="movie-item-number score-num"]')[0]#评分
        integer = score.select('.integer')[0].string.strip()
        fraction = score.select('.fraction')[0].string.strip()
        #将数据存储相应格式
        content = {
            'movieImg':movieImg,                        #电影封面
            'movieName':movieName,                      #电影名
            'movieActor': movieActor,                   #主演
            'releaseTime': releaseTime,                 #上映时间
            'score' : integer+fraction                  #评分
        }
        #将数据集存储到文件中
        with open('result.txt', 'a', encoding='utf-8') as f:
            f.write(json.dumps(content, ensure_ascii=False) + '\n')
            f.close()
```

通过上述代码将网络爬虫爬取到的数据存放到指定的文件中，运行结果如图 9-7 所示。

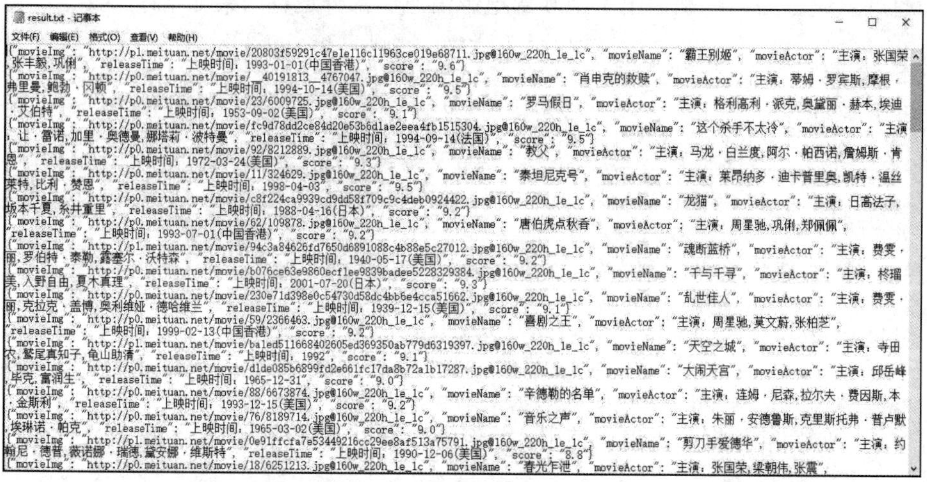
```
result.txt - 记事本
文件(F) 编辑(E) 格式(O) 查看(V) 帮助(H)
{"movieImg": "http://p1.meituan.net/movie/20803f59291c47e1e116c11963ce019e68711.jpg@160w_220h_1e_1c", "movieName": "霸王别姬", "movieActor": "主演：张国荣
,张丰毅,巩俐", "releaseTime": "上映时间：1993-01-01(中国香港)", "score": "9.6"}
{"movieImg": "http://p0.meituan.net/movie/__40191813__4767047.jpg@160w_220h_1e_1c", "movieName": "肖申克的救赎", "movieActor": "主演：蒂姆·罗宾斯,摩根·
弗里曼,鲍勃·冈顿", "releaseTime": "上映时间：1994-10-14(美国)", "score": "9.5"}
{"movieImg": "http://p0.meituan.net/movie/23/6009725.jpg@160w_220h_1e_1c", "movieName": "罗马假日", "movieActor": "主演：格利高利·派克,奥黛丽·赫本,埃迪
·艾伯特", "releaseTime": "上映时间：1953-09-02(美国)", "score": "9.1"}
{"movieImg": "http://p0.meituan.net/movie/fc9d78dd2ce84d20e53b6d1ae2eea4fb1515304.jpg@160w_220h_1e_1c", "movieName": "这个杀手不太冷", "movieActor": "主演
：让·雷诺,加里·奥德曼,娜塔莉·波特曼", "releaseTime": "上映时间：1994-09-14(法国)", "score": "9.5"}
{"movieImg": "http://p0.meituan.net/movie/92/8212889.jpg@160w_220h_1e_1c", "movieName": "教父", "movieActor": "主演：马龙·白兰度,阿尔·帕西诺,詹姆斯·肯
恩", "releaseTime": "上映时间：1972-03-24(美国)", "score": "9.3"}
{"movieImg": "http://p0.meituan.net/movie/11/324629.jpg@160w_220h_1e_1c", "movieName": "泰坦尼克号", "movieActor": "主演：莱昂纳多·迪卡普里奥,凯特·温丝
莱特,比利·赞恩", "releaseTime": "上映时间：1998-04-03", "score": "9.5"}
{"movieImg": "http://p0.meituan.net/movie/c8f224ca9939cd9dd58f709c9c4deb0924422.jpg@160w_220h_1e_1c", "movieName": "龙猫", "movieActor": "主演：日高法子,
坂本千夏,糸井重里", "releaseTime": "上映时间：1988-04-16(日本)", "score": "9.2"}
{"movieImg": "http://p0.meituan.net/movie/62/109878.jpg@160w_220h_1e_1c", "movieName": "唐伯虎点秋香", "movieActor": "主演：周星驰,巩俐,郑佩佩",
"releaseTime": "上映时间：1993-07-01(中国香港)", "score": "9.2"}
{"movieImg": "http://p1.meituan.net/movie/94c3a84626fd7650d6891088c4b88e5c27012.jpg@160w_220h_1e_1c", "movieName": "魂断蓝桥", "movieActor": "主演：费雯·
丽,罗伯特·泰勒,露塞尔·沃特森", "releaseTime": "上映时间：1940-05-17(美国)", "score": "9.2"}
{"movieImg": "http://p0.meituan.net/movie/b076ce63e9860ecf1ee9839badee5228329384.jpg@160w_220h_1e_1c", "movieName": "千与千寻", "movieActor": "主演：柊瑠
美,入野自由,夏木真理", "releaseTime": "上映时间：2001-07-20(日本)", "score": "9.3"}
{"movieImg": "http://p0.meituan.net/movie/230e71d398e0c54730d58dc4bb6e4cca51662.jpg@160w_220h_1e_1c", "movieName": "乱世佳人", "movieActor": "主演：费雯·
丽,克拉克·盖博,奥利维娅·德哈维兰", "releaseTime": "上映时间：1939-12-15(美国)", "score": "9.1"}
{"movieImg": "http://p0.meituan.net/movie/59/2366463.jpg@160w_220h_1e_1c", "movieName": "喜剧之王", "movieActor": "主演：周星驰,莫文蔚,张柏芝",
"releaseTime": "上映时间：1999-02-13(中国香港)", "score": "9.2"}
{"movieImg": "http://p1.meituan.net/movie/ba1ed511668402605ed369350ab779d6319397.jpg@160w_220h_1e_1c", "movieName": "天空之城", "movieActor": "主演：寺田
农,鹫尾真知子,龟山助清", "releaseTime": "上映时间：1992", "score": "9.1"}
{"movieImg": "http://p0.meituan.net/movie/d1de085b6899fd2e661fc17da8b72a1b17287.jpg@160w_220h_1e_1c", "movieName": "大闹天宫", "movieActor": "主演：邱岳峰
,毕克,富润生", "releaseTime": "上映时间：1965-12-31", "score": "9.0"}
{"movieImg": "http://p0.meituan.net/movie/88/6673874.jpg@160w_220h_1e_1c", "movieName": "辛德勒的名单", "movieActor": "主演：连姆·尼森,拉尔夫·费因斯,本
·金斯利", "releaseTime": "上映时间：1993-12-15(美国)", "score": "9.2"}
{"movieImg": "http://p0.meituan.net/movie/76/8189714.jpg@160w_220h_1e_1c", "movieName": "音乐之声", "movieActor": "主演：朱丽·安德鲁斯,克里斯托弗·普卢默
,埃琳诺·帕克", "releaseTime": "上映时间：1965-03-02(美国)", "score": "9.0"}
{"movieImg": "http://p1.meituan.net/movie/0e91ffcfa7e53449216cc29ee8af513a75791.jpg@160w_220h_1e_1c", "movieName": "剪刀手爱德华", "movieActor": "主演：约
翰尼·德普,薇诺娜·瑞德,黛安娜·维斯特", "releaseTime": "上映时间：1990-12-06(美国)", "score": "8.8"}
{"movieImg": "http://p0.meituan.net/movie/18/6251213.jpg@160w_220h_1e_1c", "movieName": "春光乍泄", "movieActor": "主演：张国荣,梁朝伟,张震",
```

图 9-7　存储爬取数据

这样即将爬取到的数据存放到指定文件中，可供后续数据分析使用。

小　　结

本章主要介绍了网络爬虫的概念和基本原理，以及利用 Python 实现网络爬虫的主要方法；通过爬取新闻网页内容、相关商品信息、搜索引擎等实际案例讲解了利用 requests 库的 requests.get()和 requests.post()等抓取网页内容的主要方法；通过爬取豆瓣读书的数目信息和猫眼电影的电影信息实际案例讲解了利用 BeautifulSoup 库的标签选择器、标准选择器和 CSS 选择器处理与提取相关内容的主要方法。通过对本章的学习，读者能够对 Python 相关爬虫库和网络爬虫的实现方法有一定的了解和掌握。

第 10 章　图像操作和处理

导学

本章主要讲解有关 Python 图像操作和处理的基础知识，通过大量示例介绍处理图像所需的 Python 图像处理类库 Pillow，并介绍用于读取图像、图像转换和缩放、画图和保存结果等基本操作函数。

了解：Pillow 的安装和图像处理类库（Python Imaging Library，PIL）的基本概念。

掌握：图像处理类库的常用模块，即 Image 模块、ImageChops 模块、ImageDraw 模块、ImageEnhance 模块、ImageFilter 模块和 ImageFont 模块的使用；PIL 对图像的基本操作，包括图像格式的转换、创建缩略图、图像的复制和粘贴及几何变换。

PIL 提供了通用的图像处理功能和基本图像操作，主要包括图像储存、图像显示、格式转换、图像缩放、裁剪、旋转、颜色转换等。

10.1　Pillow 的安装

PIL 仅支持到 Python 2.7，Pillow[python imaging library(Fork)]是 PIL 的一个派生分支，支持 Python 3.0 以上版本，支持 JPEG、PNG、GIF、BMP 等多种图像格式。

Pillow 的 GitHub 主页：https://github.com/python-pillow/Pillow。

Pillow 的文档：https://pillow.readthedocs.org/en/latest/handbook/ index.html。

Pillow 的文档中文翻译：http://pillow-cn.readthedocs.org/en/latest。

Pillow 在 Windows 操作系统的安装步骤如下。

1）在命令行使用 pip 安装，代码如下：

```
pip install pillow
```

2）在命令行使用 easy_install 安装，代码如下：

```
easy_install pillow
```

安装完成后，使用 from PIL import Image 导入库。例如，使用 PIL 读取图像，代码如下：

```
from PIL import Image              #导入库
file = 'D:\\python\\shutu.jpg'     #定义图片地址
img = Image.open(file,mode='r')    #读取文件内容
img.show()                         #展示图像内容
```

其中的 open()方法包含如下两个参数。

1）file：文件对象名称，可以是文件名，也可以是图像文件字符串。

2）mode：打开模式，默认只能是 r 模式，否则会报错。当 file 是图像文件字符串

图 10-1　调用 img.show()展示图像

时，会调用系统的 rb 模式读取。

通过 open()读取之后会返回一个图像文件对象，后续所有的图像处理都基于该对象进行。上述代码执行后，通过 img.show() 会调用系统默认的图像浏览器打开图像进行查看，如图 10-1 所示。

10.2　PIL 的基本概念

PIL 中涉及的基本概念有通道（bands）、模式（mode）、尺寸（size）、坐标系统（coordinate system）、调色板（palette）、信息（info）和滤波器（filters）。

1. 通道

每张图片都是由一个或者多个数据通道构成的。PIL 允许在单张图片中合成相同维度和深度的多个通道。灰度图像只有一个通道；而 RGB 图像的每张图片都由 3 个数据通道构成，分别为 R、G 和 B 通道。

getbands()方法可以获取一张图片的通道数量和名称，其使用方法如下：

```
from PIL import Image                          #导入库
im = Image.open(' D:\\python\\shutu.jpg ')     #读取文件内容
im_bands = im.getbands()                        #获取图片的通道数量和名称
len(im_bands)
print(im_bands[0])                              #输出通道，结果为 R
print(im_bands[1])                              #输出通道，结果为 G
print(im_bands[2])                              #输出通道，结果为 B
```

运行结果如下：

```
R
G
B
```

2. 模式

图像的模式表明图像所使用的像素格式，代表性的取值为 1、L、RGB 或 CMYK。其定义了图像的类型和像素的位宽。当前支持模式包括如下内容。

1）1：1 像素，为黑白图像，存储时每个像素存储为 8bit（0 为黑，255 为白）。

2）L：8 像素，为灰色图像。

3）P：8 像素，使用调色板映射到其他模式。

4）RGB：3 像素×8 像素，为真彩色。

5）RGBA：4 像素×8 像素，有透明通道的真彩色。

6）CMYK：4 像素×8 像素，颜色分离。

7）YCbCr：3 像素×8 像素，彩色视频格式。

8）I：32 位整型像素。

9）F：32 位浮点型像素。

模式的使用方法如下：

```
from PIL import Image                              #导入库
im = Image.open(' D:\\python\\shutu.jpg ')         #读取文件内容
md = im.mode                                       #读取模式
print (md)
```

运行结果如下，返回图像模式。

```
RGB
```

3. 尺寸

尺寸的返回值是宽度和高度的二元组，包含水平和垂直方向上的像素数。
尺寸的使用方法如下：

```
from PIL import Image                              #导入库
im = Image.open(' D:\\python\\shutu.jpg ')         #读取文件内容
im_size=im.size                                    #读取图像尺寸
print (im_size[0])
print (im_size[1])
```

运行结果如下，返回图像的宽度与高度。

```
750
1016
```

4. 坐标系统

PIL 使用笛卡儿像素坐标系统，坐标（0，0）位于左上角。

注意：坐标值表示像素的角点，位于坐标（0，0）处的像素的中心实际上位于（0.5，0.5）。

坐标经常用于二元组（x，y）。长方形则表示为四元组，前面是左上角坐标。例如，一个覆盖 300 像素×400 像素图像的长方形表示为（0，0，300，400）。

5. 调色板

调色板模式（P）使用调色板定义每个像素的实际颜色。

6. 信息

信息是存储图像相关数据的字典。使用该字典传递从文件中读取的各种非图像信息。加载和保存图像文件时，文件格式决定了多少信息需要被处理。

7. 滤波器

滤波器是将多个输入像素映射为一个输出像素的几何操作。
PIL 的采样滤波器包括以下内容。

1）NEAREST：最近滤波。从输入图像中选取最近的像素作为输出像素，且忽略所有其他的像素。

2）BILINEAR：双线性滤波。在输入图像的 2×2 矩阵上进行线性插值。

3）BICUBIC：双立方滤波。在输入图像的 4×4 矩阵上进行立方插值。

4）ANTIALIAS：平滑滤波。其只用于改变图像尺寸和缩略图方法，是下采样滤波器。例如，将一个大的图像转换为小的图像。

10.3　PIL 的常用模块

PIL 主要可以实现两个方面的功能需求，包括图像归档和图像处理。

1）图像归档：对图像进行批处理、生成图像预览、图像格式转换等。

2）图像处理：图像基本处理、像素处理、颜色处理等。

PIL 共包括 21 个不同功能与图像相关的类，这些类可以被看作子库或 PIL 中的模块，分别是 Image、ImageChops、ImageColor、ImageDraw、ImageEnhance、ImageFile、ImageFilter、ImageFont、ImageGrab、ImageMath、ImageOps、ImagePalette、ImagePath、ImageQt、ImageSequence、ImageStat、ImageTk、ImageWin、PSDraw 模块。

10.3.1　Image 模块

Image 模块是 PIL 中最重要的模块，提供了创建、打开、显示和保存等诸多图像操作功能，还有合成、裁剪、滤波等处理图像功能，以及获取图像属性（如图像直方图、通道数）等功能。

PIL 中的 Image 模块提供了一个相同名称的 Image 类，可以使用 Image 类从大多数图像格式的文件中读取数据，然后写入最常见的图像格式中。读取一幅图像，代码如下：

```
from PIL import Image                              #导入库
pil_im = Image.open(' D:\\python\\shutu.jpg ')     #读取文件内容
```

上述代码的返回值 pil_im 是一个 PIL 图像对象。

也可以直接用 Image.new(mode,size,color=None)创建图像对象，color 的默认值是黑色。这里创建一个像素为 480×320，背景为蓝色的 RGB 空白图像。代码如下：

```
newIm = Image.new('RGB',(480,320),(0,255,0))       #创建图像对象
```

图像的颜色转换可以使用 Image 类的 convert()方法实现。例如将一幅彩色图片 xin.jpg 转换成灰度图像，需要加 convert('L')，代码如下：

```
pil_im = Image.open('xin.jpg').convert('L')        #读取文件并转换成灰度图像
```

10.3.2　ImageChops 模块

ImageChops 模块包含一些算术图形操作，称为 channel operations（"chops"）。这些操作可用于图像特效、图像组合、算法绘图等。通道操作只用于 8 位图像（如 L 模式和 RGB 模式）。大多数通道操作接收一个或两个图像参数，并返回一个新的图像。

ImageChops 模块中包含多个函数，下面举例说明。

1. duplicate()函数的使用方法

duplicate()函数的语法格式如下：

```
duplicate(image) ⇒ image
```

说明：返回给定图像的副本。

duplicate()函数的使用方法如下：

```
from PIL import Image                              #导入库
im = Image.open('D:\\python\\xray.jpg ')          #读取文件内容
from PIL import ImageChops
im_dup = ImageChops.duplicate(im)                 #复制图像，返回给定图像的副本
print(im_dup.mode)                                #输出模式为RGB
#返回两幅图像逐个像素差的绝对值形成的图像
im_diff = ImageChops.difference(im,im_dup)
im_diff.show()
```

由于图像 im_dup 是由 im 复制过来的，因此像素差为 0，图像 im_diff 显示为全黑图，结果如图 10-2 所示。

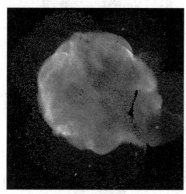 

（a）原图　　　　　　　　（b）转换后的图像

图 10-2　duplicate()函数的实现

2. constant ()函数的使用方法

constant ()函数的语法格式如下：

```
constant(image,value) ⇒ image
```

说明：返回一个被给定的像素值填充，并与给定图像尺寸相同的图像。

constant ()函数的使用方法如下：

```
from PIL import Image,ImageChops                  #导入库
im = Image.open('D:\\python\\shutu.jpg')          #读取文件内容
im01 = ImageChops.constant(im,100)                #返回一个给定像素值填充的图像
im01.show()
```

3. invert ()函数的使用方法

invert ()函数的语法格式如下：

```
invert(image) ⇒ image
```

说明：返回最大值 255 减去当前值的图像。

invert ()函数的使用方法如下：

```
from PIL import Image,ImageChops
im = Image.open('D:\\python\\shutu.jpg')
im01 = ImageChops.invert(im)                      #返回最大值 255 减去当前值的图像
```

```
im01.show()
```
运行结果如图 10-3 所示。

（a）原图　　　　　　　　　　（b）转换后的图像

图 10-3　invert()函数的实现

4. lighter ()函数的使用方法

lighter ()函数的语法格式如下：

```
lighter(image1, image2) ⇒ image
```
说明：逐个像素比较，选择较大值作为新图像的像素值。

lighter ()函数的使用方法如下：

```
from PIL import Image,ImageChops                 #导入库
im01 = Image.open('D:\\python\\shutu.jpg')       #读取文件 1 的内容
im02 = Image.open('D:\\python\\shutu2.jpg')      #读取文件 2 的内容
#逐像素比较，选择较大值作为新图像 im 的像素值
im = ImageChops.lighter(im01, im02)
im.show()
```

两幅图像逐像素比较，选择较大值作为新图像的像素值，像素值越大，图像越亮，结果如图 10-4 所示。

（a）im01　　　　　　　（b）im02　　　　　　　（c）im

图 10-4　lighter()函数的实现

10.3.3　ImageDraw 模块

ImageDraw 模块为 Image 模块提供了基本的图形处理能力，如图形的 2D 绘制，可以绘制直线、弧线、矩形、多边形、椭圆、扇形等。可以使用 ImageDraw 模块创建新的图像，注释或润饰已存在图像，为 Web 应用实时产生各种图形。

ImageDraw 模块的基础知识如下。

1）Coordinates：绘图接口使用和 PIL 相同的坐标系统，即（0，0）为左上角。

2）Colours：为了指定颜色，用户可以使用数字或者元组。对于模式为 1、L 和 I 的图像，使用整数；对于 RGB 图像，使用整数组成的三元组；对于 F 图像，使用整数或者浮点数。

3）Colours Names：用户绘制 RGB 图像时，可以使用字符串常量。PIL 支持的字符串格式包括如下内容。

① RGB 函数：为 rgb(red, green, blue)，其变量 red、green、blue 的取值为[0，255]之间的整数。另外，颜色值也可以为[0%，100%]之间的 3 个百分比。例如，rgb(255, 0, 0)和 rgb(100%, 0%, 0%)都表示纯红色。

② 十六进制颜色说明符：为#rgb 或者#rrggbb。例如，#ff0000 表示纯红色。

③ HSL（Hue-Saturation-Lightness）函数：为 hsl(hue,saturation%, lightness%)，其中变量 hue 为[0，360]之间的一个角度，表示颜色（red=0，green=120，blue=240）；变量 saturation 为[0%，100%]之间的一个值（gray=0%, full color=100%）；变量 lightness 为[0%，100%]之间的一个值（black=0%，normal=50%，white=100%）。例如，hsl(0,100%, 50%)表示纯红色。

④ 通用 HTML 颜色名称：ImageDraw 模块提供了 140 个标准颜色名称。颜色名称对大小写不敏感，如 red 和 Red 都表示纯红色。

4）Fonts：PIL 可以使用 Bitmap 字体或者 OpenType/TrueType 字体。Bitmap 字体被存储在 PIL 格式中，一般包括两个文件：.pil（包含字体的矩阵）和.pbm（包含栅格数据）。在 ImageFont 模块中，使用 load()函数加载一个 Bitmap 字体，使用 Truetype()函数加载一个 OpenType/TrueType 字体。

注意：这个函数依赖于第三方库，而且并不是在所有的 PIL 版本中都有效。

ImageDraw 模块中包含多个函数，下面举例说明。

1. Draw()函数的使用方法

Draw()函数的语法格式如下：

```
Draw(image) ⇒ Draw instance
```

说明：创建一个可以在给定图像上绘图的对象（图像内容将被修改）。

Draw()函数的使用方法如下：

```
from PIL import Image, ImageDraw          #导入库
im = Image.open('D:\\python\\xray.jpg ')  #读取文件内容
draw = ImageDraw.Draw(im)                 #创建一个绘图对象
#在新图像上绘制线
draw.line((0,0)+im.size, fill=255)        #im.size 表示图像大小
```

```
draw.line((0, im.size[1], im.size[0], 0), fill=255)    #fill=255 表示给定颜色
im.show()
```
运行结果如图 10-5 所示。

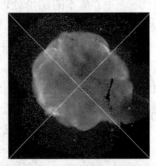

图 10-5　Draw()函数的实现

2. arc()函数的使用方法

arc()函数的语法格式如下：
```
draw.arc([x1, y1, x2, y2], start, end, options)
```
说明：在左上角坐标（x1，y1）、右下角坐标（x2，y2）区域内，在开始（start）和结束（end）角度之间绘制一条弧（圆的一部分）。变量 options 中 fill 设置弧的颜色，弧线都是按照顺时针方向绘制的。

arc()函数的使用方法如下：
```
from PIL import Image, ImageDraw                        #导入库
im = Image.new('RGB',(480,320),(128,128,128))           #创建一幅新图像
draw = ImageDraw.Draw(im)                                #创建一个绘图对象
#在给定的区域内，在开始和结束角度之间绘制一条 270°的绿色弧线
draw.arc((100,100,200,200),0,-90,fill=(0,255,0))
im.show()
```

3. chord()函数的使用方法

chord()函数的语法格式如下：
```
draw.chord(xy,start, end, options)
```
说明：与 arc()函数一样，但是该函数使用直线连接弧起始点。变量 options 的 outline 给定弦轮廓的颜色，fill 给定弦内部的颜色。

chord()函数的使用方法如下：
```
from PIL import Image, ImageDraw                        #导入库
im = Image.new('RGB',(320,320),(200,233,233))           #创建一幅新图像
draw = ImageDraw.Draw(im)
draw.chord((10,100,300,300),0,90,outline = (0,0,255))   #绘制一条弦
draw.chord((10,100,300,300),90,180, fill = (54,54,54))  #绘制弦并在弦内填
                                                         充颜色
im.show()
```
运行结果如图 10-6 所示。

图 10-6　chord()函数的实现

4. ellipse ()函数的使用方法

ellipse ()函数的语法格式如下：
```
draw.ellipse(xy,options)
```
说明：在给定的区域绘制一个椭圆形。变量 options 的 outline 给定椭圆形轮廓的颜色，fill 给定椭圆形内部的颜色。

ellipse ()函数的使用方法如下：
```
draw.ellipse((0,0, 100,200), fill = (255, 0, 0))  #绘制红色椭圆
```

5. line ()函数的使用方法

line ()函数的语法格式如下：
```
draw.line(xy,options)
```
说明：在变量 xy 列表所表示的坐标之间绘制线。坐标列表是包含二元组[(x,y),…]或者数字[x,y,…]的任意序列对象，至少包括两个坐标值。变量 options 的 fill 给定线的颜色，width 给定线的宽度。

line ()函数的使用方法如下：
```
draw.line([(100,0),(100,300),(200,500)], fill = (0,255,0), width = 5)
```

6. polygon ()函数的使用方法

polygon ()函数的语法格式如下：
```
draw.polygon(xy,options)
```
说明：绘制一个多边形。多边形轮廓由给定坐标之间的直线组成，在最后一个坐标和第一个坐标间增加了一条直线，形成多边形。坐标列表是包含二元组[(x,y),…]或者数字[x,y,…]的任意序列对象，最少包括 3 个坐标值。变量 options 的 fill 给定多边形内部的颜色。

polygon ()函数的使用方法如下：
```
draw.polygon([400, 300, 100, 500, 400, 500], fill=(0, 0, 255))
```

10.3.4　ImageEnhance 模块

ImageEnhance 模块包括一些用于图像增强的类，分别为 Color 类（色彩增强）、Brightness 类（亮度增强）、Sharpness 类（图像尖锐化）和 Contrast 类（对比度增强）。所有的增强类都实现了一个通用的接口，包括一个函数：
```
enhancer.enhance(factor) ⇒ image
```

说明：该函数返回一个增强过的图像。变量 factor 是一个浮点数，控制图像的增强程度。若变量 factor 为 1.0，则不对原图像做任何改变，直接返回原图像的一个副本。

ImageEnhance 模块的使用方法如下。

1. 色彩增强

色彩增强类用于调整图像的颜色均衡，其语法格式如下：

```
ImageEnhance.Color(image) ⇒ Color enhancer instance
```

说明：创建一个增强对象，并调整图像的颜色。增强因子为 0.0 将产生黑白图像，为 1.0 将保持原始图像。

Color()函数的使用方法如下：

```
from PIL import Image, ImageEnhance          #导入库
im = Image.open('D:\\python\\xye.jpg')        #读取文件内容
im_1 = ImageEnhance.Color(im).enhance(2.0)    #增强因子为 2.0
im_1.show()
```

2. 亮度增强

亮度增强类用于调整图像的亮度，其语法格式如下：

```
ImageEnhance.Brightness(image) ⇒ Brightnessenhancer instance
```

说明：创建一个调整图像亮度的增强对象。增强因子为 0.0 将产生黑色图像，为 1.0 将保持原始图像。

Brightness()函数的使用方法如下：

```
from PIL import Image, ImageEnhance          #导入库
im = Image.open('D:\\python\\shutu3.jpg')     #读取文件内容
enhancer=ImageEnhance.Brightness(im)          #将 im 传给 enhancer 类
#调用 enhance()函数，传入的参数指定将亮度增强 2 倍
im0=enhancer.enhance(2.0)
im0.show()
```

enhance()函数的参数 factor 决定着图像的亮度情况，结果是图像 im0 的亮度增强了 2 倍，结果如图 10-7 所示。

原图背景色

亮度增强后的图像背景色几乎为白色，肉眼已无法区分

（a）原图　　　　　　　（b）亮度增强后的图像

图 10-7　ImageEnhance 模块 Brightness()函数的实现

3. 图像尖锐化

图像尖锐化类用于调整图像的锐度，其语法格式如下：

```
ImageEnhance.Sharpness(image) ⇒ Sharpness enhancer instance
```

说明：创建一个调整图像锐度的增强对象。增强因子为 0.0 将产生模糊图像，为 1.0 将保持原始图像，为 2.0 将产生锐化过的图像。

Sharpness ()函数的使用方法如下：

```
from PIL import Image, ImageEnhance        #导入库
im = Image.open('D:\\python\\xray.jpg')    #读取文件内容
enhancer=ImageEnhance.Sharpness(im)        #将 im 传给 enhancer 类
im0 = enhancer.enhance(3.0)                #尖锐化处理
im0.show()
```

运行结果如图 10-8 所示。

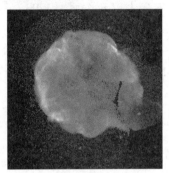 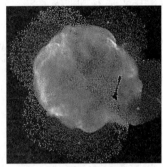

　　　　　（a）原图　　　　　　　　　　（b）尖锐化后的图像

图 10-8　ImageEnhance 模块 Sharpness()函数的实现

4. 对比度增强

对比度增强类用于调整图像的对比度，其语法格式如下：

```
ImageEnhance.Contrast(image) ⇒ Contrast enhancer instance
```

说明：创建一个调整图像对比度的增强对象。增强因子为 0.0 将产生纯灰色图像，为 1.0 将保持原始图像。

Contrast ()函数的使用方法如下：

```
Im_1 = ImageEnhance.Contrast(im).enhance(0.1)
```

综合处理一幅图像，对图像调整亮度、对比度、色度及增强图像的锐度，代码如下：

```
from PIL import Image, ImageEnhance                #导入库
im = Image.open('D:\\python\\xye.jpg')             #读取文件内容
im_1 = ImageEnhance.Color(im).enhance(2.0)         #色彩增强
im_1 = ImageEnhance.Brightness(im).enhance(2.0)    #亮度增强
im_1 = ImageEnhance.Sharpness(im).enhance(3.0)     #锐度增强
im_1 = ImageEnhance.Contrast(im).enhance(2.0)      #对比度增强
im_1.show()
```

运行结果如图 10-9 所示。

（a）原图

（b）处理后的图像

图 10-9　ImageEnhance 模块的综合实现

10.3.5　ImageFilter 模块

ImageFilter 模块包括各种滤波器的预定义集合，与 Image 类的 filter()函数一起使用。该模块包含一些图像增强的滤波器：BLUR、CONTOUR、DETAIL、EDGE_ENHANCE、EDGE_ENHANCE_MORE、EMBOSS、FIND_EDGES、SMOOTH、SMOOTH_MORE、SHARPEN。下面以 BLUR、CONTOUR 和 EMBOSS 为例介绍 ImageFilter 模块的实现，原图如图 10-10（a）所示。

1. BLUR

ImageFilter.BLUR 为模糊滤波，处理之后的图像会整体变得模糊，使用方法如下，结果如图 10-10（b）所示。

```
from PIL import Image, ImageFilter              #导入库
im = Image.open('D:\\python\\shutu.jpg')        #读取文件内容
imout = im.filter(ImageFilter.BLUR)             #模糊滤波
#图像的尺寸大小（150,120），是一个二元组，即水平和垂直方向上的像素
imout.size
imout.show()
```

2. CONTOUR

ImageFilter.CONTOUR 为轮廓滤波，会将图像中的轮廓信息全部提取出来，使用方法如下，结果如图 10-10（c）所示。

```
from PIL import Image, ImageFilter              #导入库
im = Image.open('D:\\python\\shutu.jpg')        #读取文件内容
im0 = im.filter(ImageFilter.CONTOUR)            #轮廓滤波
im0.show()
```

3. EMBOSS

ImageFilter.EMBOSS 为浮雕滤波，会使图像呈现出浮雕效果，使用方法如下，结果如图 10-10（d）所示。

```
from PIL import Image, ImageFilter              #导入库
im = Image.open('D:\\python\\shutu.jpg')        #读取文件内容
im0 =im.filter(ImageFilter.EMBOSS)              #浮雕滤波
im0.show()
```

　　（a）原图　　　　　　　　　　　　　　（b）BLUR 后的图像

　　（c）CONTOUR 后的图像　　　　　　　（d）EMBOSS 后的图像

图 10-10　ImageFilter 模块的实现

10.3.6　ImageFont 模块

　　ImageFont 模块定义了一个同名的类，即 ImageFont 类。这个类的实例中存储着 Bitmap 字体，需要与 ImageDraw 类的 text()函数一起使用。ImageFont 模块的语法格式如下：

```
ImageFont.truetype(file,size) ⇒ Font instance
```

　　说明：加载一个 truetype 字体文件，并且创建一个字体对象。Truetype()函数从指定的文件加载了一个字体对象，并且为指定大小的字体创建了字体对象。

　　ImageFont 模块的使用如下所示。

　　【例 10-1】　在指定的图片上加载文字。代码如下：

```
from PIL import Image,ImageDraw,ImageFont        #导入库
im = Image.open('D:\\python\\shutu5.jpg')        #读取文件内容
draw = ImageDraw.Draw(im)
#从指定的文件加载了一个字体对象，并且为指定大小的字体创建了字体对象
font = ImageFont.truetype('C:\\WINDOWS\\Fonts\\SIMYOU.TTF',20)
#在(100,100)坐标点开始绘制字体对象，u 在添加汉字时使用
```

```
draw.text((100,100),u'中国医科大学计算机教研室',font=font,fill='white')
ft = ImageFont.truetype('c:\\Windows\\Fonts\\Verdana.ttf', 30)
draw.text((30,400),'www.cmu.edu.cn',font=ft,fill='green')
im.show()
```

在 Windows 操作系统下，字体文件位于 C:\Windows\Fonts 文件夹下。本实例中用到的是 Verdana.ttf 字体文件。可以根据实际需要，从 Fonts 文件夹下选择所需字体文件。

运行结果如图 10-11 所示。

图 10-11　ImageFont 模块的实现

10.4　PIL 对图像的基本操作

PIL 提供了通用的图像处理功能和基本图像操作，本节将重点介绍图像格式的转换、创建缩略图、图像的复制和粘贴及几何变换。

10.4.1　图像格式的转换

PIL 可实现不同图像格式的转换。使用 Image 模块的 open()函数打开的彩色图像，返回的图像对象的模式都是 RGB。而对于灰度图像，不管其图像格式是 PNG，还是 BMP，或者 JPG，打开后，其模式为 L。

在打开图像时，PIL 会将图像解码为三通道的 RGB 模式，可以基于该图像对其进行处理。然后，使用 save()函数将处理结果保存成.png、.bmp、.jpg 中的任何格式。其他格式的彩色图像也可以通过这种方式完成转换。对于不同格式的灰度图像，也可以通过类似途径完成，只是 PIL 解码后是模式为 L 的图像。

convert()函数的语法格式如下：

```
convert(mode) ⇒ image
```

说明：使用不同的参数，将当前的图像转换为新的模式，并产生新的图像作为返回值。

将图像的 RGB 模式转换为 1 模式。1 模式为二值图像，非黑即白，但是它每个像素均用 8bit 表示，0 表示黑，255 表示白。

例如，将一幅 RGB 模式的彩色图像转换为 1 模式的二值图像，代码如下：

```
from PIL import Image                        #导入库
im = Image.open('D:\\python\\xin.jpg')       #读取文件内容
im_1 = im.convert('1')                       #图像转换为 1 模式
im_1.show()
```

运行结果如图 10-12 所示。

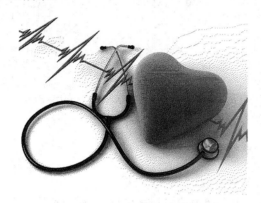

图 10-12　转换后的 1 模式图像

【例 10-2】　从文件名列表（filelist）中读取所有的图像文件，并转换成.jpeg 格式。代码如下：

```
from PIL import Image                              #导入库
import os                                          #导入 os 模块
path1 = 'D:\\python\\image\\'                       #设置 path1 的路径
filelist = os.listdir(path1)                       #获取目录下的所有文件
for infile in filelist:                            #for 循环体
    outfile = os.path.splitext(infile)[0]+'.jpg'   #生成的新 jpg 文件名
    print(infile,outfile)                          #输出原文件与输出文件格式
    if infile != outfile:                          #判断格式是否相同
        try:
            im = Image.open(path1+infile)          #格式不同时打开原文件
            im = im.convert('RGB')                 #转换格式
            im = im.save(path1+outfile)            #保存转换后的图像文件
        except IOError:
            print('cannot convert',infile)
```

PIL 的 open()函数用于创建 PIL 图像对象，save()函数用于保存图像到具有指定文件名的文件。例 10-2 中，原文件是.png 格式，转换为.jpg 格式，并以同名保存。

10.4.2　创建缩略图

缩略图是网络开发或图像软件预览常用的一种基本技术，使用 PIL 可以很方便地创建缩略图。

thumbnail()函数接收一个元组参数，分别对应着缩略图的宽和高；第二个参数指定了滤镜 Image.ANTIALIAS。滤镜包括 NEAREST、BILINER、BICUBIC、ANTIALIAS 共 4 种，其中使用 ANTIALIAS 修改尺寸后的图像品质最高（损失最小）。

将图像转换成符合元组参数指定大小的缩略图。例如，创建最长边为 100 像素的缩略图，代码如下：

```
im.thumbnail((100,100))
```

【例 10-3】　生成缩略图并保存成文件 temp1.jpg。代码如下：

```
from PIL import Image                          #导入库
im = Image.open('D:\\python\\temp.png')        #读取文件内容
im = im.convert('RGB')                         #转换为 RGB 模式
im.show()                                      #显示转换后的图像
print(im.format,im.size,im.mode)               #输出图像信息
im.thumbnail((100,100))                        #创建最长边为100 像素的缩略图
im.save('D:\\python\\temp1.jpg')               #新图像命名为 temp1 并保存
```

生成缩略图时会保持原图的宽高比例。如果输入的参数宽高和原图像宽高比不同，则会依据最长对应边进行原比例缩放。

10.4.3　图像的复制和粘贴

PIL 可以操作图像部分选取。

crop()函数可以从一幅图像中裁剪指定区域。crop()函数接收一个四元素的元组作为参数，各元素分别为起始点的横坐标、起始点的纵坐标、宽度、高度，坐标系统的原点 (0, 0) 是左上角。paste()函数可以将裁剪区域粘贴到原图中，参数分别为需要修改的图片、粘贴的起始点的横坐标、粘贴的起始点的纵坐标。

【例 10-4】　裁剪一块选区，并粘贴到原图中。代码如下：

```
from PIL import Image                          #导入库
im = Image.open('D:\\python\\shutu.jpg')       #读取文件内容
box = (100,100,300,300)                        #设定裁剪的区域
region = im.crop(box)                          #裁剪指定区域
region = region.transpose(Image.ROTATE_180)    #逆时针旋转 180°
im.paste(region,box)                           #将裁剪区域粘贴到原图中
im.show()
```

运行结果如图 10-13 所示。

图 10-13　裁剪处理后的图像

10.4.4　几何变换

对图像进行几何变换的函数包括 resize()和 rotate()。

resize()函数的参数是一个元组，用来指定新图像的大小，其语法格式如下：

```
out = pil_im.rotate(45)
```

rotate()函数可以使用逆时针方式表示旋转角度，其语法格式如下：

```
out = pil_im.resize((128,128))
```

PIL 对一些常见的旋转进行了专门的定义：

```
out = im.transpose(Image.FLIP_LEFT_RIGHT)    #左右对换
out = im.transpose(Image.FLIP_TOP_BOTTOM)    #上下对换
out = im.transpose(Image.ROTATE_90)          #旋转90°
out = im.transpose(Image.ROTATE_180)         #旋转180°
out = im.transpose(Image.ROTATE_270)         #旋转270°
```

【例 10-5】　图像的几何变换。代码如下：

```
from PIL import Image                              #导入库
im = Image.open('D:\\python\\shutu.jpg')           #读取文件内容
im.transpose(Image.FLIP_LEFT_RIGHT).show()         #左右对换
im.transpose(Image.FLIP_TOP_BOTTOM).show()         #上下对换
im.transpose(Image.ROTATE_270).show()              #旋转270°
```

运行结果如图 10-14 所示。

(a) 原图　　　　　(b) 左右对换　　　　(c) 上下对换　　　　　(d) 旋转 270°

图 10-14　几何变换后的图像

10.5　PIL 对图像的综合实例

本节将举例综合演示 PIL 对图像的处理操作。

1. 合并图像

【例 10-6】　合并两幅图像，展示并保存，其中新图像的每一个像素点由两幅图像的各 50%构成。代码如下：

```
from PIL import Image                              #导入库
im1 = Image.open('D:\\python\\shutu6.jpg')         #读取文件 1 的内容
im2 = Image.open('D:\\python\\xy.jpg')             #读取文件 2 的内容
```

```
def merge(im1,im2):                          #定义新图像函数
    width = min(im1.size[0],im2.size[0])     #获取新图像宽度
    height = min(im1.size[1],im2.size[1])    #获取新图像高度
    im_new = Image.new('RGB',(width,height)) #新图像为 RGB 模式
#循环体计算新图像的每一个像素点，其由两幅图像的各 50%构成
    for x in range(width):
        for y in range(height):
            r1,g1,b1 = im1.getpixel((x,y))   #取该坐标点的像素值
            r2,g2,b2 = im2.getpixel((x,y))   #取该坐标点的像素值
            r = r1 + r2
            g = g1 + g2
            b = b1 + b2
            im_new.putpixel((x,y),(r,g,b))   #将计算后的RGB值赋给新图像
    return im_new
merge(im1,im2).show()
merge(im1,im2).save('D:\\python\\HECHENG.jpg') #以 HECHENG 命名并保存
```
运行结果如图 10-15 所示。

（a）图 1

（b）图 2

（c）合成后的图像

图 10-15　合并图像

2. 生成随机验证码

在日常生活中，我们经常会遇到随机验证码，一般是为了防止特定注册用户用特定程序暴力破解方式进行不断的登录尝试。

【例 10-7】　　生成随机验证码。代码如下：

```
from PIL import Image,ImageFont,ImageFilter,ImageDraw
import random
#产生随机字母与数字，chr()函数将ASCII码转换成对应的字符
def rndchn():
    return chr(random.randint(65,90))
#产生随机颜色
def rndColor():
    return
(random.randint(64,255),random.randint(64,255),random.randint (64,255))
#产生随机颜色
def rndColor2():
    return
(random.randint(32,127),random.randint(32,127),random.randint (32,127))
#验证码框的尺寸
width = 240
height = 60
#Image.new(mode,size,color)表示新建一个图形，第一个参数表示图形的模式，第二个参
#数表示像素大小，第三个参数表示颜色
im = Image.new("RGB",(width,height),(255,255,255))
#创建 Dont 字体对象，ImageFont.truetype(file,size) 表示字体和字体的大小
font = ImageFont.truetype("c:\\Windows\\Fonts\\Verdana.ttf",36)
#在产生的 im 图像上添加文字
draw = ImageDraw.Draw(im)
#遍历白色图像上的所有坐标点，然后绘制点，颜色随机
for x in range(width):
    for y in range(height):
#draw.point((x,y),fill=..)：在给定坐标下绘制点（单个像素）fill 用于填充像素点
        draw.point((x,y),fill=rndColor())
#在给定位置绘制字符串，draw.text((x,y),text,font,fill=) 第一个参数表示坐标，第二
#个参数表示要绘制的字符串，第三个参数表示字体及字体的大小，fill=..表示字体的颜色随机
for t in range(4):
    draw.text((60 * t + 10,10),rndchn(),font=font,fill=rndColor2())

im2 = im.filter(ImageFilter.BLUR)
im2.save("yan.jpg")
```

运行结果如图 10-16 所示。

图 10-16　生成随机验证码

小　　结

本章主要介绍了有关 Python 图像操作与处理的基础知识，包括 Pillow 的安装、PIL 的基本概念、PIL 的常用模块和 PIL 对图像的基本操作。通过对本章的学习，读者能够对 PIL 有一定的了解和掌握，为后续的学习打下良好的基础。

第 11 章　科学计算和数据可视化应用

▲ 导学

本章主要讲解有关 Python 科学计算和数据可视化应用的基础知识，通过例题介绍科学计算与数据分析所需的 NumPy 库和数据可视化所需的 Matplotlib 库的使用方法。

了解： NumPy 数组的概念、NumPy 数组的形状操作、NumPy 文件存取数组操作。

掌握： 如何创建 NumPy 数组，NumPy 数组的算术运算,图像数组的表示方法,利用图像数组进行灰度变换，直方图均衡化，使用 Matplotlib.pyplot 模块绘图，使用 Matplotlib.pylot 模块绘制直方图、条形图、散点图、饼状图等。

随着 NumPy、Matplotlib 等众多程序库的开发，Python 越来越适用于科学计算和数据可视化。与科学计算领域比较流行的 MATLAB 相比，Python 是一门专业的通用程序设计语言，比 MATLAB 所采用的脚本语言的应用范围更广泛，有更多程序库的支持。

11.1　NumPy 库的使用

NumPy 库是 Python 的科学计算库。NumPy 库支持大量的维度数组与矩阵运算，可用来存储和处理大型矩阵，比 Python 自身的嵌套列表结构要高效得多。

NumPy 库在 Windows 操作系统中使用 pip 命令安装，代码如下：

```
pip install numPy
```

11.1.1　NumPy 数组的使用

1. NumPy 数组的概念

NumPy 的主要对象是同种元素构成的多维数组。NumPy 数组的维数称为秩（rank），一维数组的秩为 1，二维数组的秩为 2，依此类推。

例如，在 3D 空间一个点的坐标[1, 2, 3] 数组的秩为 1（只有一个维度），[[1., 0., 0.], [0., 1., 2.]]数组的秩为 2（有两个维度）。

注意： NumPy 数组的下标从 0 开始。同一个 NumPy 数组中所有元素的类型必须相同。

NumPy 的数组对象称为 ndarray，ndarray 对象常用属性如表 11-1 所示。

表 11-1　ndarray 对象常用属性

属性	说明
ndarray.ndim	数组的维数（秩）
ndarray.size	数组元素的总个数
ndarray.dtype	数组元素的类型

2. 创建 NumPy 数组

创建 NumPy 数组的方法有很多。

1）可以使用 array()函数从常规的 Python 列表和元组创建数组，其所创建的数组类型由原序列中的元素类型推导而来。使用 array()函数创建数组时，参数必须是由方括号括起来的列表。代码如下：

```
import numpy as np            #导入 NumPy 库，并以 np 作为别名
a = np.array([1,10,100])      #使用 array()函数创建数组
print(a)                      #输出数组 a
print(a.ndim)                 #输出数组的维数
print(a.dtype)                #输出数组元素的类型
b = np.array([1.1,3.1415926,100,0.05])
print(b)
print(b.size)                 #输出数组元素的总个数
```

运行结果如下：

```
[  1  10 100]
1
int32
[1.1000000e+00 3.1415926e+00 1.0000000e+02 5.0000000e-02]
4
```

2）可以在创建数组时指定数组中元素的类型。代码如下：

```
import numpy as np
c = np.array( [ [1,2], [3,4] ], dtype=complex)    #complex 为复数类型
print(c)
print(c.ndim)                 #输出数组的维数 2
print(c.dtype)                #输出数组元素的类型
```

运行结果如下：

```
[[1.+0.j 2.+0.j]
 [3.+0.j 4.+0.j]]
2
complex1284
```

3）通常数组的元素开始都是未知的，但是它的大小已知。因此，NumPy 库提供了一些占位符创建数组的函数。

zeros()函数创建一个全是 0 的数组，ones()函数创建一个全是 1 的数组，empty()函数创建一个内容随机的数组。代码如下：

```
import numpy as np            #导入 NumPy 库，并以 np 作为别名
d = np.zeros((2,2)))          #创建一个全是 0 的数组
print(d)
print(d.dtype)                #输出数组元素的类型
e = np.ones((2,2))            #创建一个全是 1 的数组
print(e)
print(e.itemsize)             #输出数组元素二进制的大小
```

运行结果如下：

```
[[0. 0.]
 [0. 0.]]
float64
```

```
[[1. 1.]
 [1. 1.]]
```

4）NumPy 库提供了两个类似 range()的函数来直接创建序列数组，返回一个数列形式的数组。

① arange()函数：类似于 Python 的 range()函数，通过指定开始值、终值和步长来创建一维数组。注意数组不包括终值。

② linspace()函数：通过指定开始值、终值和元素个数（默认为 50 个）来创建一维数组。通过 endpoint 指定是否包括终值，默认包括终值。代码如下：

```
import numpy as np          #导入 NumPy 库，并以 np 作为别名
f1 = np.arange(10,30,5)     #初始值为10，终值为30（不包括30），步长为5
print(f1)
f2 = np.arange(10)          #仅使用一个参数，代表的是终值，开始值为0，步长为1
print(f2)
f3 = np.linspace(10,30,5 )  #初始值为10，终值为30（包括30），元素个数为5
print(f3)
```

运行结果如下：

```
[10 15 20 25]
[0 1 2 3 4 5 6 7 8 9]
[10. 15. 20. 25. 30.]
```

11.1.2　NumPy 数组的算术运算

NumPy 数组的算术运算指按元素逐个进行运算，结果输出新的数组。代码如下：

```
import numpy as np
a = np.array([20,30,40,50])   #使用 array()函数创建一维数组
b = np.arange(4)              #相当于 arange(0,4)
print(b)
c = a - b                     #对数组 a 和数组 b 内的所有元素进行减法运算
print(c)
b = b ** 2                    #b=数组 b 内元素的二次方
print(b)
d = 10 * np.sin(a)            #d=10*sina
print(d)
print(a < 30)                 #输出逻辑值
```

运行结果如下：

```
[0 1 2 3]
[20 29 38 47]
[0 1 4 9]
[ 9.12945251 -9.88031624  7.4511316  -2.62374854]
[ True False False False]
```

许多非数组之间进行相互运算，如计算数组所有元素之和，都作为 Numpy 数组（ndarray 类）的方法来实现，需要使用 ndarray 类的实例来调用这些方法。代码如下：

```
import numpy as np
x = np.random.random((2,3))   #使用随机数函数 random()创建数组 x
print(x)
print(x.sum())                #输出数组 x 内所有元素之和
print(x.max())                #输出数组 x 内所有元素的最大值
```

```
print(x.min())                              #输出数组 x 内所有元素的最小值
```
运行结果如下：
```
[[0.76744923 0.84233824 0.83040435]
 [0.77466154 0.43724419 0.42450924]]
4.076606780114894
0.8423382417044871
0.4245092429469819
```

11.1.3　NumPy 数组的形状操作

1. 数组的形状

数组的形状（shape）取决于每个轴上的元素个数，给定了每个轴上元素的个数，一个数组的形状就固定了。代码如下：
```
import numpy as np                           #导入 NumPy 库，并以 np 作为别名
x = np.floor(10*np.random.random((3,4)))    #floor 向下取整
print(x)
print(x.shape)                              #输出数组 x 的形状
```
运行结果如下：
```
[[0. 0. 3. 2.]
 [7. 2. 1. 4.]
 [6. 9. 1. 2.]]
(3, 4)
```

2. 改变数组的形状

通过一些命令可以改变数组的形状，如 Numpy 库中的 ravel()函数可以将多维数组转换为一维数组（原数组自身不变），transpose()函数对数组转置（原数组自身不变），reshape()函数改变原数组的形状并返回该数组（原数组自身不变），而 shape()函数和 resize()函数则会直接修改数组本身。代码如下：
```
import numpy as np
x = np.floor(10*np.random.random((3,4))) #floor 向下取整
print(x.ravel())                            #ravel()函数将多维数组转换为一维数组
x.shape = (6,2)                             #shape 直接修改数组本身，形状改成 6×2
print(x)
print(x.transpose())                        #对数组转置（原数组自身不变）
print(x)                                    #输出的是 6×2 数组
```
运行结果如下：
```
[3. 8. 5. 0. 5. 0. 9. 6. 4. 1. 2. 3.]
[[3. 8.]
 [5. 0.]
 [5. 0.]
 [9. 6.]
 [4. 1.]
 [2. 3.]]
[[3. 5. 5. 9. 4. 2.]
 [8. 0. 0. 6. 1. 3.]]
[[3. 8.]
```

```
          [5. 0.]
          [5. 0.]
          [9. 6.]
          [4. 1.]
          [2. 3.]]
```

11.1.4　NumPy 文件存取数组操作

NumPy 库提供了多种文件操作函数，可方便存取数组内容。文件存取的格式分为两类，即二进制和文本，而二进制格式的文件又分为 NumPy 专用的格式化二进制类型和无格式类型。

1. tofile()函数和 fromfile()函数

tofile()函数可以方便地将数组中的数据以二进制的格式写进文件，其输出的数据没有格式，因此用 fromfile()函数读数据时需要格式化数据。代码如下：

```
import numpy as np
a = np.arange(0,12)                             #初始值为 0，终值为 11，步长为 1
a.shape = 3,4                                   #shape 将数组形状改成 3×4
print(a)                                        #输出数组
a.tofile("a.bin")                               #将数组 a 写进文件 a.bin
b = np.fromfile("a.bin", dtype=np.float)        #按照 float 类型读入数据
print(b)                                        #读入的数据是错误的
print(a.dtype)                                  #查看 a 的数据类型
b = np.fromfile("a.bin", dtype=np.int32)        #按照 int32 类型读入数据
print(b)                                        #数据是一维的
b.shape = 3, 4                                  #按照 a 的形状修改 b 的 shape
print(b)                                        #输出正确
```

运行结果如下：

```
[[ 0  1  2  3]
 [ 4  5  6  7]
 [ 8  9 10 11]]
[2.12199579e-314 6.36598737e-314 1.06099790e-313 1.48539705e-313
 1.90979621e-313 2.33419537e-313]
int32
[ 0  1  2  3  4  5  6  7  8  9 10 11]
[[ 0  1  2  3]
 [ 4  5  6  7]
 [ 8  9 10 11]]
```

从上面的例子可以看出，只有在读入数据时设置正确的数据类型和形状才能保证数据一致。

2. save()函数和 load()函数

save()函数和 load()函数以 NumPy 库专用的二进制类型保存数据，这两个函数会自动处理元素类型和 shape 等信息，使用它们读/写数组很方便，但是 save()函数输出的文件很难用其他语言编写的程序读入。代码如下：

```
import numpy as np
```

```
a = np.arange(0,12)              #初始值为 0，终值为 11，步长为 1
a.shape = 3,4                    #shape 将数组形状改成 3×4
np.save("a.npy", a)              #将数组 a 写进文件 a.npy
c = np.load( "a.npy" )           #使用 load()函数读取 a.npy 中的数据
print(c)
```

运行结果如下：

```
[[ 0  1  2  3]
 [ 4  5  6  7]
 [ 8  9 10 11]]
```

11.1.5　NumPy 的图像数组操作

1. 图像数组的表示方法

当载入图像时，可以调用 array()函数将图像转换成 NumPy 数组对象。NumPy 数组对象是多维的，可以用来表示向量、矩阵和图像。代码如下：

```
from PIL import Image                    #导入图像库
from numpy import *                      #导入 NumPy 库
#使用 open()函数打开彩色图像 pic1.jpg，并用 array()函数将其转换为数组对象
im = array(Image.open('pic1.jpg'))
print(im.shape, im.dtype)               #输出数组 im 的形状和数据类型
#将彩色图像 pic1.jpg 灰度化处理，并用 array()函数转换为数组对象
im = array(Image.open('pic1.jpg').convert('L'),'f')
print(im.shape, im.dtype)               #输出数组 im 的形状和数据类型
```

运行结果如下：

```
(600, 500, 3) uint8
(600, 500) float32
```

在输出的结果中，每行的第一个元组表示图像数组的大小（行、列、颜色通道）。由于灰度图像没有颜色信息，因此在形状元组中它只有两个数值（行、列）。紧接着的字符串表示数组元素的数据类型。因为图像通常被编码成无符号的 8 位整数（uint8），所以在第一种情况下，载入图像并将其转换到数组中，数组的数据类型为 uint8。在第二种情况下，对图像进行灰度化处理，并且在创建数组时使用额外的参数 f，该参数将数据类型转换为浮点型。

数组中的元素可以使用下标访问。位于坐标 i、j，以及颜色通道 k 的像素值访问方法如下：

```
value = im[i,j,k]
```

可以使用数组切片方式访问多个数组元素，切片方式返回的是以指定间隔下标访问该数组的元素值。

常用访问灰度图像数组元素的一些例子如下：

```
im[i,:] = im[j,:]         #将第 j 行的数值赋值给第 i 行
im[:,i] = 100             #将第 i 列的所有数值设为 100
im[:100,:50].sum()        #计算前 100 行、前 50 列所有数值之和
im[50:100,50:100]         #50～100 行，50～100 列（不包括第 100 行和第 100 列）
im[i].mean()             #第 i 行所有数值的平均值
im[:,-1]                 #最后一列
im[-2,:] (or im[-2])     #倒数第二行
```

注意：如果仅使用一个下标，那么该下标为行的下标。在最后几个例子中，负数切片表示从最后一个元素逆向计数。在图像操作中将会频繁地使用切片方式访问图像数组的像素值，这是一个很重要的思想。

2. 利用图像数组进行灰度变换

将图像读入 NumPy 数组对象后，可以对它们执行任意数学操作。一个简单的例子就是图像的灰度变换，通过灰度变换可以得到与原始图像不同的图像。

将图像的 NumPy 数组对象生成图像的操作可以使用 PIL 的 fromarray()函数完成，方法如下：

```
pic = Image.fromarray(im)
```

说明：pic 为生成图像的名字，im 为 NumPy 数组对象。

如果通过一些操作将 uint8 数据类型转换为其他数据类型，那么在创建 PIL 图像之前，需要将数据类型转换回来，方法如下：

```
pic = Image.fromarray(uint8(im))
```

注意：NumPy 总是将数组数据类型转换成能够表示数据的"最低"数据类型，对浮点数进行乘积或除法操作会使整数类型的数组变成浮点类型。

【**例 11-1**】 利用图像数组的灰度变换对图像进行反相处理，代码如下：

```
from PIL import Image                    #导入图像库
from numpy import *
img1 = Image.open('hdtx.jpg')           #打开灰度图像 hdtx.jpg
im = array(img1)                        #使用 array()函数转换为数组对象
im2 = 255 - im                          #对图像进行反相处理
img1.show()                             #显示原始图像
img2 = Image.fromarray(im2)             #生成图像进行反相处理后的图像 img2
img2.show()
```

运行结果如图 11-1 和图 11-2 所示。

图 11-1 原始图像   图 11-2 反相处理后的图像

3. 直方图均衡化

图像灰度变换中一个非常有用的例子就是直方图均衡化。直方图均衡化是指将一幅图像的灰度直方图变平，使变换后的图像中每个灰度值的分布概率都相同。在对图像做进一步处理之前，直方图均衡化通常是对图像灰度值进行归一化的一个非常好的方法，并且可以增强图像的对比度。

在这种情况下，直方图均衡化的变换函数是图像中像素值的累积分布函数 cdf（cumulative distribution function，将像素值的范围映射到目标范围的归一化操作）。

定义 histeq()函数实现直方图均衡化，代码如下：

```
def histeq(im,nbr_bins=256):
    #计算图像的直方图
    imhist,bins = histogram(im.flatten(),nbr_bins,normed=True)
    cdf = imhist.cumsum() # cumulative distribution function
    cdf = 255 * cdf / cdf[-1]  #归一化
    #使用累积分布函数的线性插值，计算新的像素值
    im2 = interp(im.flatten(),bins[:-1],cdf)
    return im2.reshape(im.shape), cdf
```

该函数有两个输入参数：一个是灰度图像 im；一个是直方图中使用小区间的数目 nbr_bins，默认为 256。函数返回直方图均衡化后的图像的 NumPy 数组和用来做像素值映射的累积分布函数 cdf。

注意：函数中使用到累积分布函数的最后一个元素（下标为-1），目的是将其归一化到 0～1 范围。

【例 11-2】 利用图像数组的灰度变换，将灰度图像直方图进行均衡化处理。代码如下：

```
from PIL import Image
from numpy import *
img1 = Image.open('picjhh.jpg')        #打开灰度图像 picjhh.jpg
im = array(img1)
im2,cdf = histeq(im)                    #调用均衡化函数 histeq()
img1.show()                            #显示原始图像 picjhh.jpg
img2 = Image.fromarray(uint8(im2))     #生成图像均衡化处理后的图像 img2
img2.show()
```

运行结果如图 11-3 和图 11-4 所示。

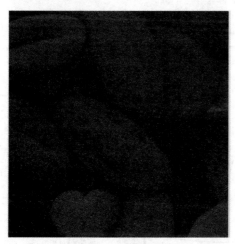

图 11-3 原始图像 　　　　　图 11-4 直方图均衡化处理后的图像

通过两幅图像的对比，可以看到直方图均衡化后的图像对比度明显增强，原图像灰色区域的细节变得清晰。

11.2　Matplotlib 数据可视化

Matplotlib 库是 Python 的可视化应用库，它支持各种平台，并且功能强大，可以非常方便地创建海量类型的 2D 图表和一些基本的 3D 图表，十分适合交互式地进行绘图和可视化。

Matplotlib 库在 Windows 操作系统中使用 pip 命令安装，代码如下：

```
pip install Matplotlib
```

11.2.1　使用 Matplotlib.pyplot 模块绘图

Matplotlib 库的 pyplot 模块提供了和 MATLAB 相似的绘图 API，方便用户快速绘图。Matplotlib.pyplot 是一些命令式函数，每一个 pyplot 函数都会改变图形，如创建图形、在图形里创建绘图区、在绘图区画线、用标签装饰图形等。

使用 Matplotlib.pyplot 模块绘图，一般遵循以下 5 个步骤。

1）创建一个图纸（figure）。

2）在图纸上创建一个或多个绘图（plotting）区域。

3）在 plotting 区域上描绘点、线等各种标记。

4）为 plotting 添加修饰标签（绘图线上的或坐标轴上的）。

5）其他各种制作。

在上面的绘图步骤中主要有 4 个元素：变量、函数、图纸和子图，其中，变量和函数通过改变 figure 和 axes 中的元素[如标题（title）、标签（label）、点和线等]来描述 figure 和 axes，即在画布上绘图。绘图结构如图 11-5 所示。

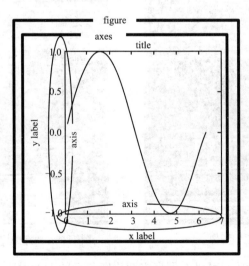

图 11-5　绘图结构

【例 11-3】　使用 Matplotlib.pyplot 模块绘制正弦三角函数和余弦三角函数图形。代码如下：

```
from numpy import *
```

```
import matplotlib.pyplot as plt        #载入绘图模块 pyplot，并且重命名为 plt
plt.figure(figsize=(8,4))              #创建一个图纸，大小为 800 像素×400 像素
x = arange(0,4*math.pi,0.01)           #初始值为 0，终值为 4*pi，步长为 0.01
y = sin(x)
z = cos(x)
#调用 plot()函数绘图：绘制正弦曲线，线条颜色为红色
plt.plot(x,y,label="$sin(x)$",color="red",linewidth=3)
#调用 plot()函数绘图：绘制余弦曲线
plt.plot(x,z,"b--",label="$cos(x)$")
plt.xlabel("x轴")                      #设置 x 轴标题
plt.ylabel("sin(x) and cos(x)")        #设置 y 轴标题
plt.title("PyPlot Mapping")            #设置图表标题
plt.ylim(-1,1)                         #设置 y 轴范围
plt.grid(True)                         #显示网格
plt.legend()                           #显示图例（legend）
plt.savefig("sincon.png")              #保存图像
plt.show()                             #显示图像
```

运行结果如图 11-6 所示。

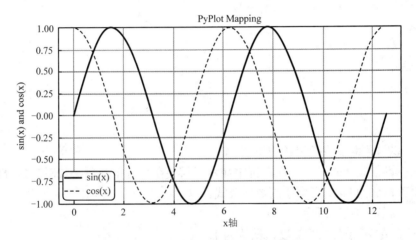

图 11-6　绘制正弦三角函数和余弦三角函数

1. 调用 figure()函数创建一个绘图对象

figure()函数的语法格式如下：

```
plt.figure(figsize=(8,4))
```

说明：figsize 参数指定绘图对象的宽度和高度，单位为英寸；dpi 参数指定绘图对象的分辨率，即每英寸多少个像素，默认为 100。因此，本例中所创建的图表对象的宽度为 8×100= 800（像素），宽度为 4×100= 400（像素）。

2. 通过调用 plot()函数在当前的绘图对象中绘图

创建 figure 绘图对象之后，接下来调用 plot()函数在当前的 figure 对象中绘图。实际上 plot()函数是在 axes（子图）对象上绘图。如果当前的 figure 对象中没有 axes 对象，将会创建一个充满整个图表区域的 axes 对象。例如：

```
plt.plot(x,z,"b--",label="$cos(x)$")
```

上述代码说明如下：

1）将 x、z 数组传递给 plot()函数进行绘图。

2）通过第 3 个参数"b--"指定曲线的颜色和线型。该参数称为格式化参数，它通过一些特定的符号快速指定曲线的样式，其中 b 表示蓝色，"--"表示线型为虚线。常用的格式化参数如下。

① 颜色（color，简写为 c）。

蓝色：'b' (blue)。

绿色：'g' (green)。

红色：'r' (red)。

红紫色(洋红)：'m' (magenta)。

黄色：'y' (yellow)。

黑色：'k' (black)。

白色：'w' (white)。

② 线型（Line styles，简写为 ls）。

实线：'-'。

虚线：'--'。

虚点线：'-.'。

点线：':'。

点：'.'。

星形：'*'。

3）可以用关键参数指定各种属性。

label：设置曲线的标签，在图例中显示。只要在字符串前后添加$符号，Matplotlib 就会使用其内嵌的 latex 引擎绘制数学公式。

color：指定曲线的颜色。

linewidth：指定曲线的宽度，默认为1。

例如：

```
plt.plot(x,y,label="$sin(x)$",color="red",linewidth=3)
```

设置曲线标签为 sin(x)，颜色为红色，线条宽度为3。

3. 设置绘图对象的各个属性

1）xlabel、ylabel：分别设置 x、y 轴的标题文字。

2）title：设置图表标题。

3）xlim、ylim：分别设置 x、y 轴的显示范围。

4）legend：显示图例，即图中表示每条曲线的标签和样式的矩形区域。

5）grid(True)：显示网格。

4. 清空 plt 绘制的内容

1）plt.cla()：关闭 plt 绘制的图形。

2）plt.close(0)：关闭 0 号图表。

3）plt.close('all')：关闭所有图表。

5. 图形保存和输出设置

可以调用 plt.savefig()函数将当前的 figure 对象保存成图像文件，图像格式由图像文件的扩展名决定。下面的命令将当前的图表保存为 pic.png，并且通过 dpi 参数指定图像的分辨率为 120，因此输出图像的宽度为 8×120 = 960（像素）。

```
plt.savefig("pic.png",dpi=120)
```

Matplotlib 库中绘制完成图形之后通过 show()函数展示出来，用户可以通过 GUI 中的工具栏对其进行设置和保存。

6. 绘制多子图

在 Matplotlib 库中，一个 figure 对象可以包含多个子图（axes）。可以使用 subplot()函数快速绘制包含多个子图的图表，其语法格式如下：

```
subplot(numRows, numCols, plotNum)
```

subplot()函数将整个绘图区域等分为 numRows 行、numCols 列个子区域，然后按照从左到右、从上到下的顺序对每个子区域进行编号，左上的子区域的编号为 1，依此类推。

如果 numRows、numCols 和 plotNum 这 3 个数都小于 10，可以把它们缩写为一个整数。例如，subplot(323)和 subplot(3,2,3)是相同的，表示图表被分割成 3×2（3 行 2 列）的网格子区域，然后在第 3 个子区域（第 2 行，第 1 列）绘制。

subplot()函数在 plotNum 指定的区域中创建一个轴对象。如果新创建的轴和之前创建的轴重叠，之前的轴将被删除。

【例 11-4】　使用 Matplotlib.pyplot 模块绘制多个子图，代码如下：

```
import matplotlib.pyplot as plt      #载入绘图模块pyplot，并且重命名为plt
import numpy as np
t1 = np.arange(0, 5, 0.2)            #使用arange()函数生成数组，步长为0.2
t2 = np.arange(0, 5, 0.02)           #使用arange()函数生成数组，步长为0.02
plt.figure(figsize=(8,4))            #创建一个绘图对象，大小为800像素×400像素
plt.subplot(221)                     #选择左上角区域为子图绘图区域
#调用plot()函数绘图：使用t1和t2绘制两条正弦曲线
plt.plot(t1, np.sin(t1),'bo', t2,np.sin(t2),'r--')
plt.subplot(222)                     #选择右上角区域为子图绘图区域
#调用plot()函数绘图：使用t2绘制一条余弦曲线
plt.plot(t2, np.cos(2 * np.pi * t2), 'r--')
#选择下面区域为子图绘图区域，并将子图背景设置为黄色
plt.subplot(212,facecolor="y")
#调用plot()函数绘图：y=x²
plt.plot([1, 2, 3, 4], [1, 4, 9, 16])
plt.savefig("dzt.png")               #保存图片
plt.show()                           #展示图片
```

运行结果如图 11-7 所示。

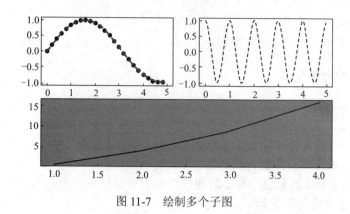

图 11-7　绘制多个子图

7. 绘制多幅图表

如果需要同时绘制多幅图表,可以给 figure()函数传递一个整数参数,用于指定 figure 对象的序号。如果序号所指定的 figure 对象已经存在,将不创建新的对象,而只是让它成为当前的 figure 对象。

【例 11-5】　使用 Matplotlib.pyplot 模块绘制多幅图表。代码如下:

```python
import numpy as np
import matplotlib.pyplot as plt
plt.figure(1)                       #创建图表 1
plt.figure(2)                       #创建图表 2
ax1 = plt.subplot(211)              #在图表 2 中创建子图 1
ax2 = plt.subplot(212)              #在图表 2 中创建子图 2
x = np.linspace(0, 3, 100)          #创建序列数组:初始值为 0,终值为 3,元素个数为 100
for i in x:
    plt.figure(1)                   #选择图表 1
    plt.plot(x, np.exp(i * x / 3))  #调用 plot()函数绘图
    plt.sca(ax1)                    #选择图表 2 的子图 1
    plt.plot(x, np.sin(i * x))      #调用 plot()函数绘图
    plt.sca(ax2)                    #选择图表 2 的子图 2
    plt.plot(x, np.cos(i * x))      #调用 plot()函数绘图
plt.show()                          #展示图片
```

运行结果如图 11-8 所示。

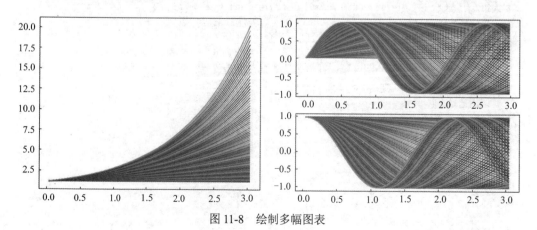

图 11-8　绘制多幅图表

8. 在图表中显示中文

Matplotlib 库的默认配置文件中所使用的字体无法显示中文，为了能让图表显示中文，需在.py 文件头加上如下内容：

```
plt.rcParams['font.sans-serif'] = ['KaiTi']
plt.rcParams['axes.unicode_minus'] = False
```

其中，SimHei 表示楷体。

常用的中文字体表示如下：SimSun 表示宋体，SimHei 表示黑体，SimTi 表示楷体，Microsoft YaHei 表示微软雅黑，LiSu 表示隶书，FangSong 表示仿宋，YouYuan 表示幼圆，SSTSong 表示华文宋体，STHeiti 表示华文黑体。

【例 11-6】   使用 Matplotlib.pyplot 模块绘制正弦曲线，并在图表中显示中文。代码如下：

```
from numpy import *
import matplotlib.pyplot as plt     #载入绘图模块 pyplot，并且重命名为 plt
#下面两条命令设置可以显示中文，并将字体设置为楷体
plt.rcParams['font.sans-serif'] = ['KaiTi']
plt.rcParams['axes.unicode_minus'] = False
plt.figure(figsize=(8,4))           #创建一个绘图对象，大小为 800 像素×400 像素
x = arange(0,4*math.pi,0.2)         #初始值为 0，终值为 4*pi，步长为 0.2
#调用 plot()函数绘图：绘制正弦曲线，线条颜色为红色
plt.plot(x,sin(x),label="$sin(x)$",color="red",linewidth=5)
plt.xlabel("x轴")                   #设置 x 轴标题
plt.ylabel("y轴")                   #设置 y 轴标题
plt.title("y=sin(x)正弦曲线")        #设置图表标题
plt.ylim(-1,1)                      #设置 y 轴范围
plt.grid(True)                      #显示网格
plt.legend()                        #显示图例（legend）
plt.savefig("sincon.png")           #保存图像
plt.show()                          #展示图像
```

运行结果如图 11-9 所示。

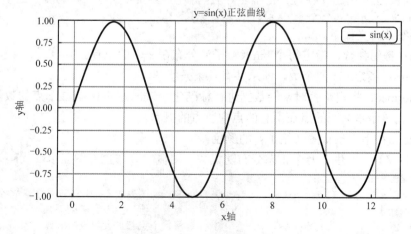

图 11-9   在图表中显示中文

11.2.2　使用 Matplotlib.pyplot 模块绘制基本图表

Matplotlib 库的 pyplot 模块可以方便用户快速进行绘图，pyplot 模块提供了 14 个用于绘制基本图表的常用函数，如表 11-2 所示。

表 11-2　pyplot 模块中绘制基本图表的常用函数

属性	说明
plt.plot(x,y,fmt,…)	绘制坐标图
plt.boxplot(data,notch,position)	绘制箱形图
plt.bar(left,height,width,bottom)	绘制条形图
plt.barh(width,bottom,left,height)	绘制横向条形图
plt.polar(theta,r)	绘制极坐标图
plt.pie(data,explode)	绘制饼图
plt.psd(x,NFFT=256,pad_to,Fs)	绘制功率谱密度图
plt.scatter(x,y)	绘制散点图
plt.step(x,y,where)	绘制步阶图
plt.hist(x,bins,normed)	绘制直方图
plt.vlines()	绘制垂直图
plt.plot_date()	绘制日期图

下面通过一些实例介绍如何使用 pyplot 模块中的常用函数绘制图表。

1. 直方图

直方图又称质量分布图，是一种统计报告图，由一系列高度不等的纵向条纹或线段表示数据分布的情况，一般用横轴表示数据类型，纵轴表示分布情况。直方图通过 pyplot 模块中的 hist()函数绘制，其语法格式如下：

```
pyplot.hist(x,bins=10, normed=False,color=None,range=None,rwidth=None,
orientation = u'vertical',**kwargs)
```

主要参数含义如下。

1）x：数组参数，指定每个 bin（箱子）分布在 x 轴的位置。

2）bins：指定 bin 的个数，即总共有几条条状图。

3）normed：指定是否对 y 轴数据进行标准化，默认为 False，显示点的数量；如果为 True，则显示本区间的点在所有的点中所占的概率。

4）color：指定条状图（箱子）的颜色。

【例 11-7】　产生 2 万个正态分布随机数，用概率分布直方图显示。代码如下：

```
import numpy  as np
import matplotlib.pyplot as plt      #载入绘图模块 pyplot，并且重命名为 plt
zx = 100                             #设置均值，中心所在点
sg = 20                              #将每个点都扩大响应的倍数
#下面两条命令设置可以显示中文，并将字体设置为楷体
plt.rcParams['font.sans-serif'] = ['KaiTi']
```

```
#x 中的点以 zx 为中心，分布在 zx 旁边
x=zx+sg*np.random.randn(20000)
#绘制直方图：bins 设置分组的个数为 100，显示 100 个直方
plt.hist(x,bins=100,color='red',normed=True)
plt.xlabel("x 轴")                        #设置 x 轴标题
plt.ylabel("y 轴")                        #设置 y 轴标题
plt.title("直方图")                       #设置图表标题
plt.show()                               #显示图表
```

运行结果如图 11-10 所示。

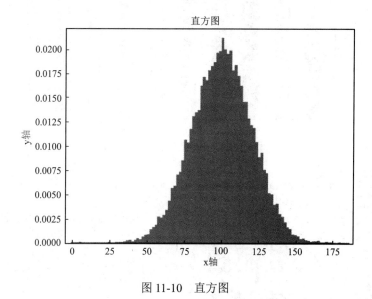

图 11-10　直方图

2. 条形图

条形图是用一个单位长度表示一定数量的图形，根据数量的多少绘制成长短不同的直条，然后把这些直条按一定的顺序排列起来。从条形图中很容易看出各种数量的多少。条形图的绘制通过 pyplot 模块中的 bar()函数或者 barh()函数实现。bar()函数默认绘制竖直方向的条形图，可以通过设置 orientation = "horizontal" 参数来绘制水平方向的条形图；barh()函数绘制水平方向的条形图。

【**例 11-8**】　使用 Matplotlib.pyplot 模块绘制竖直条形图。代码如下：

```
import numpy  as np
import matplotlib.pyplot as plt       #载入绘图模块 pyplot，并且重命名为 plt
x = np.arange(10)                     #x 轴 0～10
y = np.random.randint(10, 30, 10)     #y 随机生成 10 个数值（10～30）
#设置可以显示中文，并将字体设置为楷体
plt.rcParams['font.sans-serif'] = ['KaiTi']
#绘制竖直条形图，线条颜色为红色
plt.bar(left=x,height=y, width=0.5,color="red")
plt.xlabel("x 轴")                    #设置 x 轴标题
plt.ylabel("y 轴")                    #设置 y 轴标题
plt.title("条形图")                   #设置图表标题
plt.show()                           #显示图表
```

运行结果如图 11-11 所示。

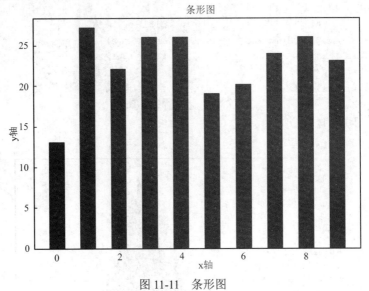

图 11-11　条形图

【例 11-9】　使用 Matplotlib.pyplot 模块绘制并列的条形图。代码如下：

```
import numpy  as np
import matplotlib.pyplot as plt      #载入绘图模块 pyplot，并且重命名为 plt
x = np.random.randint(10, 50, 20)    #x 轴随机生成 20 个数值（10～50）
y1 = np.random.randint(10, 50, 20)   #y1 轴随机生成 20 个数值（10～50）
y2 = np.random.randint(10, 50, 20)   #y2 轴随机生成 20 个数值（10～50）
r = 0.5                              #r 用来改变 x 轴位置
#绘制竖直方向直方图，线条颜色为红色
plt.bar(left=x, height=y1, width=0.5, color="red")
#绘制竖直方向直方图，通过设置 left 来设置并列显示，线条颜色为蓝色
plt.bar(left=x + r, height=y2, width=0.5, color="blue")
plt.show()                           #显示图表
```

运行结果如图 11-12 所示。

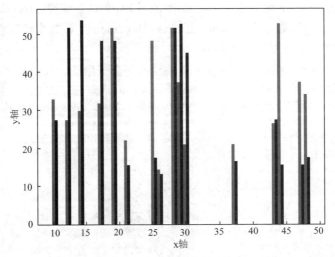

图 11-12　并列的条形图

【例 11-10】　使用 Matplotlib pyplot 模块绘制层叠的条形图。代码如下：

```
import numpy  as np
import matplotlib.pyplot as plt      #载入绘图模块 pyplot，并且重命名为 plt
x = np.random.randint(10,50,20)      #x 轴随机生成 20 个数值（10～50）
y1 = np.random.randint(10,50,20)     #y1 轴随机生成 20 个数值（10～50）
y2 = np.random.randint(10,50,20)     #y2 轴随机生成 20 个数值（10～50）
plt.ylim(0,100)                      #设置 y 轴的显示范围
#设置可以显示中文，并将字体设置为楷体
plt.rcParams['font.sans-serif'] = ['KaiTi']
#绘制竖直方向直方图，线条颜色为红色
plt.bar(left=x,height=y1,width=0.5,color="red",label="$y1$")
#设置一个底部，底部就是 y1 的显示结果，y2 在上面继续累加
plt.bar(left=x,height=y2,bottom=y1,width=0.5,color="blue",label="$y2$")
plt.legend()                         #显示图例（legend）
plt.xlabel("x 轴")                    #设置 x 轴标题
plt.ylabel("y 轴")                    #设置 y 轴标题
plt.title("层叠的条形图")             #设置图表标题
plt.show()                           #显示图表
```

运行结果如图 11-13 所示。

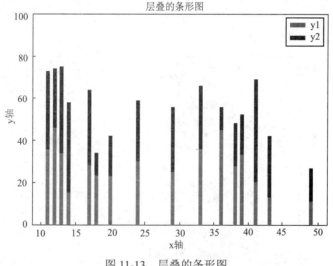

图 11-13　层叠的条形图

3．散点图

散点图用在回归分析中，表示数据点在直角坐标系平面上的分布情况。散点图表示因变量随自变量的变化而变化的大致趋势，据此可以选择合适的函数对数据点进行拟合。一般用两组数据构成多个坐标点，考察坐标点的分布，判断两变量之间是否存在某种关联或总结坐标点的分布模式。散点图将序列显示为一组点，值由点在图表中的位置表示，类别由图表中的不同标记表示。散点图通常用于比较跨类别的聚合数据。

散点图通过 pyplot 模块中的 scatter()函数绘制，其语法格式如下：

```
pyplot.scatter(x,y,c=color,s=scale,alpha=0.6,edgecolors='white')
```

各参数含义如下。

1）x、y：表示输入的数据。

2）c：表示散点的颜色。

3）s：表示散点的大小。

4）alpha：表示散点的透明度。

5）edgecolors：设置散点周围的颜色。

【例 11-11】　使用 Matplotlib.pyplot 模块的 scatter()函数绘制散点图。代码如下：

```python
import numpy as np
import matplotlib.pyplot as plt          #载入 pyplot 模块，并且重命名为 plt
n = 100
for color in ['red','blue','green']:     #使用 3 种散点颜色进行绘图
    x,y=np.random.rand(2,n)              #散点坐标位置随机产生
    scale=100*np.random.rand(n)         #散点大小随机产生
    #根据 color（散点颜色）的值，调用 scatter()函数绘制散点图
plt.scatter(x,y,c=color,s=scale,label=color,alpha=0.6,edgecolors='white')
plt.title('Scatter')                     #设置图表标题
plt.xlabel('x轴')                        #设置 x 轴标题
plt.ylabel('y轴')                        #设置 y 轴标题
plt.legend()                             #显示图例
plt.grid(True)                           #显示网格
plt.show()                               #显示图表
```

运行结果如图 11-14 所示。

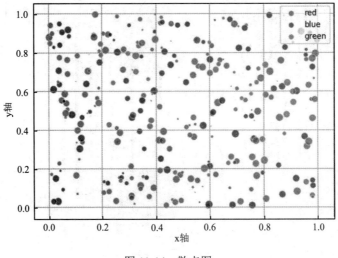

图 11-14　散点图

4. 饼状图

饼状图常用于统计学模型。饼状图用于显示一个数据系列中各项的大小与各项总和的比例，饼状图中的数据点显示为整个饼状图的百分比。

【例 11-12】　使用 Matplotlib.pyplot 模块的 pie()函数绘制散点图。代码如下：

```python
import matplotlib.pyplot as plt
#设置 6 个数据点的值，根据数据在所有数据中所占的比例显示结果
x = [222, 42, 455, 664, 454, 334]
```

```
#设置 6 个数据点的标签
lab = ['China', 'Swiss', 'USA', 'UK', 'Laos', 'Spain']
#explode 设置每一块或者很多块突出显示，由下面的 exp 数组决定
exp = [0,0.03,0,0.03,0,0.03]
#设置显示一个正圆，长宽比为 1:1
plt.axes(aspect=1)
#绘制散点图，autopct 设置百分数保留两位小数，shadow 设为 True，显示阴影
plt.pie(X, labels=lab,autopct='%1.2f%%',explode=exp,shadow=True)
plt.title("Pie Graph")          #设置图表标题
plt.show()                      #显示图表
```

运行结果如图 11-15 所示。

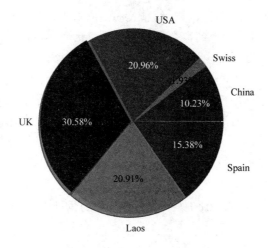

图 11-15　饼状图

小　　结

　　本章主要介绍了 Python 的科学计算和数据分析所需的 NumPy 库和数据可视化所需的 Matplotlib 库的使用方法。通过对本章的学习，读者应掌握 NumPy 数组的算术运算，图像数组的表示方法，利用图像数组进行灰度变换，直方图均衡化，使用 Matplotlib.pyplot 模块绘图，使用 Matplotlib.pylab 模块绘制基本图表等，为后续的深入学习打下良好的理论基础。

第12章　数据挖掘和机器学习

导学

机器学习介于计算机科学、统计学、数学、工程学等几个不同的理论学科之间，研究计算机模拟或实现人类的学习行为，以获取新的知识或技能，是人工智能的核心。Python 机器学习本质上是数据分析。通过学习 Python 机器学习与数据挖掘，学生不仅能够增强逻辑思维能力，还可对人工智能相关的热点前沿知识有所了解。

了解： 数据挖掘、机器学习的概念与定义，常见的机器学习算法。

掌握： 使用 Python 语言创建机器学习程序的方法和机器学习库 sklearn 的应用。

对于数据分析来说，现在首选的编程工具就是 Python 语言。Python 具有海量级的模块库，提供了 IT 行业最前沿的开发功能。例如，机器学习库 sklearn 就是 Python 的开源模块，能够提供包括分类、回归、聚类等算法，可以帮助使用者简单、高效地进行数据挖掘与分析。

12.1　机器学习的概念和操作流程

12.1.1　概念

机器学习是指利用经验来改善计算机系统的自身性能。经验在计算机系统中主要是以数据的形式存在的，机器学习需要设法对数据进行分析，这就使其逐渐成为智能数据的分析技术，并因此受到越来越多的关注。

数据挖掘是识别巨量数据中有效的、新颖的、潜在有用的、最终可理解的模式的非平凡过程。顾名思义，数据挖掘就是试图从海量数据中找出有用的知识。

数据挖掘可以认为是数据库技术与机器学习的交叉，它利用数据库技术来管理海量的数据，并利用机器学习来进行数据挖掘与分析。其关系如图 12-1 所示。

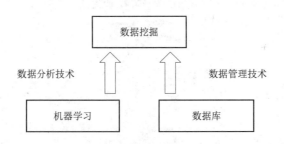

图 12-1　数据挖掘与机器学习的关系

12.1.2　AI 操作流程

人工智能、机器学习通常都使用两组数据，一组是训练数据，另一组是测试数据。每组数据中包含特征数据集和结果分类数据，其中特征数据集是多维参数数据集，结果分类数据是一维数组。一共 4 个数据集合，其名称如下。

x_train：训练数据，多维参数数据集。

y_train：训练数据，一维结果数据集。

x_test：测试数据，多维参数数据集。

y_test：测试数据，一维结果数据集。

通常，train 数据集用于训练，test 数据集用于测试。对 y_train 数据集进行分析以后，会生成一个新的一维预测结果数据集 y_pred。通过对结果数据集 y_pred 与实际测试数据集 y_test 进行对比，就可以检测算法模型的准确度。

机器学习的算法流程如下。

1）选择模型函数 mx_fun()，mx_fun() 函数是自定义的机器学习函数接口。

2）把训练特征数据集 x_train 与结果数据集 y_train 输入模型函数 mx_fun()。

3）系统内置的机器学习函数会自动分析特征数据与结果数据之间的关系。这样的过程就是机器学习的过程，同时也是算法建模的过程。

4）通过对训练数据的机器学习和数据分析，系统会生成一个 AI 机器学习模型，需要将其保存到变量 mx。

5）把测试数据集 x_test 输入模型变量 mx，mx 会调用内置的分析函数 predict()，生成最终分析结果 y_pred。

12.1.3　机器学习库 sklearn 的安装

在 Windows 环境下安装 sklearn 机器学习库的方法如下：首先在 Python 网站下载安装包 NumPy 文件、SciPy 文件与 scikit-learn 文件，然后进入 Python 环境，使用 pip3 命令进行安装。pip3 命令如下：

```
pip3 install numpy-1.14.3+mkl-cp34-cp34m-win32.whl
pip3 install scipy-1.1.0-cp34-cp34m-win32.whl
pip3 install scikit_learn-0.19.1-cp34-cp34m-win32.whl
```

安装时，需要注意安装包 whl 文件的版本保持一致。

12.2　Python 机器学习算法和应用

目前 Python 已经是人工智能、机器学习的行业标准语言，sklearn 是 Python 最重要的人工智能模块库，又称为 scikit-learn。本章案例中涉及的经典机器学习算法如下。

1）线性回归算法，函数名为 LinearRegression。

2）KMeans 聚类算法，函数名为 KMeans。

3）kNN 算法，函数名为 KNeighborsClassifier。

4）逻辑回归算法，函数名为 LogisticRegression。

以上算法中的函数名均为 sklearn 库内置的函数名称。

12.2.1　线性回归算法

回归分析是一种预测性的建模技术，它研究的是因变量（目标）和自变量（预测器）之间的关系。这种技术通常用于预测分析、时间序列模型及发现变量之间的因果关系。例如，在医学研究中，一个生理指标或疾病指标往往受到多种因素的共同作用和影响，当研究的因变量为连续变量时，通常引入多重线性回归模型来分析一个因变量与多个自变量之间的关联性。

线性回归的定义：利用数理统计中的回归分析，来确定两种或两种以上变量间相互依赖的定量关系的一种统计分析方法。线性回归的运用十分广泛；其表达形式为 y = w'x+e，e 为误差并服从均数为 0 的正态分布。例 12-1 采用的是线性回归算法。

线性回归的使用方法如下：

```
from sklearn.linear_model import LinearRegression
model= LinearRegression ()              #创建回归模型
model.fit(x,y)                          #x 是自变量，y 是因变量
predicted=model.predict(x_new)          #对新样本进行预测
```

【例 12-1】　已知 10 组平面坐标，分别是（1,2）（2,5）（3,4）（4,5）（5,8）（10,13）（11,10）（12,11）（13,15）（15,14），当在横坐标 7 的位置出现一个新的点时，请预测其纵坐标的值，预测点用菱形标出，如图 12-2 所示。

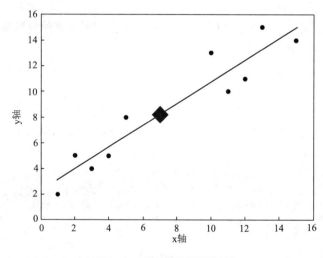

图 12-2　线性回归预测效果

代码如下：

```
from sklearn import linear_model              #导入回归算法模型
import numpy as np
import matplotlib.pyplot as plt
dataSet=np.array([[1,2],[2,5],[3,4],[4,5],[5,8],[10,13],[11,10],[12,
11],[13,15],[15,14]])                         #平面坐标赋值
#以下为回归
x = dataSet[:,0].reshape(-1,1)                 #为自变量 x 赋值
y = dataSet[:,1]                               #为因变量 y 赋值
```

```
linear = linear_model.LinearRegression()     #建立回归模型
linear.fit(x,y)                              #将自变量与因变量提供给回归模型
x_new=np.array([[7]])                        #增加新的点
#以下为绘图
plt.figure(facecolor='w')                    #创建新绘图
plt.axis([0,16,0,16])
plt.scatter(x,y,color='black')               #绘制所有点
plt.plot(x,linear.predict(x),color='blue',linewidth=3)#绘制线条颜色与宽度
plt.plot(x_new,linear.predict(x_new),'Dr',markersize=17)  #绘制预测点
plt.show()
```

12.2.2　KMeans 聚类算法

聚类（cluster analysis）是将数据集划分为若干组或类的过程。将一组物理的或抽象的对象，根据它们之间的相似程度分为若干组，其中相似的对象构成一组，这一过程称为聚类过程。聚类分析适用于很多不同类型的数据集合，如工程、生物、医药、语言、人类学、心理学和市场学等。

KMeans 以距离值的平均值对聚类成员进行分配，如果一个对象属于一个聚类，则该数据一定比较靠近聚类的中心。本案例中，采用 KMeans()函数实现对 10 组平面坐标数据进行聚类。

KMeans 聚类的使用方法如下：

```
from sklearn.cluster import KMeans
model = KMeans()                             #创建 KMeans 模型
model.fit(Data)                              #为聚类模型提供数据集 Data
```

【例 12-2】　现有 10 组平面坐标，分别是（1,2）（2,5）（3,4）（4,5）（5,8）（10,13）（11,10）（12,11）（13,15）（15,14），请使用 KMeans 聚类将其分为两类，并绘制聚类效果图，如图 12-3 所示。

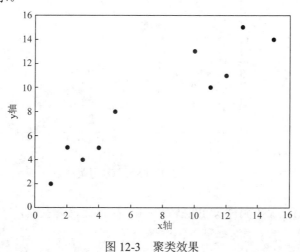

图 12-3　聚类效果

代码如下：

```
from sklearn.cluster import KMeans           #导入 KMeans 算法模型
import numpy as np
import matplotlib.pyplot as plt
```

```
dataset = np.array([[1,2],[2,5],[3,4],[4,5],[5,8],[10,13],[11,10],[12,
11],[13,15],[15,14]])
#以下为聚类
km=KMeans(n_clusters=2)                          #建立聚类模型，聚类为 2 类
km.fit(dataSet)                                  #将数据集提供给聚类模型
#以下为绘图
plt.figure(facecolor='w')
plt.axis([0,16,0,16])
mark = ['or','ob']                               #指定两种颜色
for i in range(dataSet.shape[0]):
        plt.plot(dataSet[i,0],dataSet[i,1],mark[km.labels_[i]])
plt.show()
```

12.2.3 kNN 算法

例 12-2 中提供的 10 组平面坐标已经分为两类，若此时增加一个新的坐标点(6，9)，在判断其应归属于哪一类时，可使用 k 最近邻（k-Nearest Neighbor，kNN）算法。kNN 算法是非常简单的机器学习算法之一，其思路是：若一个样本在特征空间中的 k 个最相似（特征空间中最邻近）的样本中的大多数属于某一个类别，则该样本也属于这个类别。KNN 的使用方法如下：

```
from sklearn.neighbors import KNeighborsClassifier
model= KNeighborsClassifier()                    #创建 kNN 算法模型
model.fit(Data,y)                                #提供学习数据 Data 与对应的标签
```

完成上述问题的程序代码与 kNN 算法分类结果如图 12-4 所示。

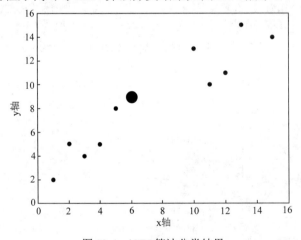

图 12-4　kNN 算法分类结果

代码如下：

```
from sklearn.neighbors import KNeighborsClassifier  #导入 kNN 算法模型
from sklearn.cluster import KMeans                   #导入 KMeans 算法模型
import numpy as np
import matplotlib.pyplot as plt
dataset = np.array([[1,2],[2,5],[3,4],[4,5],[5,8],[10,13],[11,10],[12,
11],[13,15],[15,14]])
#以下为 KMeans 聚类与 kNN 分类
km = KMeans(n_clusters=2)                         # KMeans 聚类分 2 类
```

```
km.fit(dataSet)                         #将数据集提供给聚类模型
labels=km.labels_                       #使用 KMeans 聚类结果进行分类
knn = KNeighborsClassifier()            #建立 kNN 算法模型
knn.fit(dataSet,labels)                 #学习分类结果
data_new = np.array([[6,9]])
label_new = knn.predict(data_new)       #对点（6,9）进行分类
#以下为绘图
plt.figure(facecolor='w')
plt.axis([0,16,0,16])
mark = ['or','ob']
for i in range(dataSet.shape[0]):
        plt.plot(dataSet[i,0],dataSet[i,1],mark[labels[i]])
        plt.plot(data_new[0,0],data_new[0,1],mark[label_new[0]],markersize=17)
#绘制新的点
plt.show()
```

12.2.4　逻辑回归算法

逻辑回归常用于数据挖掘、疾病自动诊断、经济预测等领域。例如，通过逻辑回归分析，可以了解引发胃癌的危险因素或根据危险因素预测一个人患癌症的可能性等。逻辑回归是在线性回归的基础上增加了一个转化函数 Sigmoid()，将预测值映射到[0，1]之间，以 0.5 为分界线，从而达到分类的目的。Sigmoid()函数的定义如下：

$$S(t) = \frac{1}{1+e^{-t}}$$

逻辑回归也称广义线性回归模型，它与线性回归模型的形式基本相同，都具有 ax+b，其中 a 和 b 是待求参数。线性回归直接将 ax+b 作为因变量，即 y=ax+b；而逻辑回归则通过 Sigmoid()函数将 ax+b 对应为 p=s(ax+b)。将上述函数中的 t 换成 ax+b，可以得到逻辑回归模型的参数形式，即

$$p(x;a,b)=\frac{1}{1+e^{-(ax+b)}}$$

Sigmoid()函数图像如图 12-5 所示。

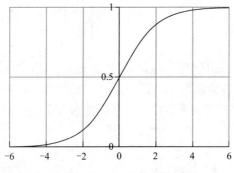

图 12-5　Sigmoid()函数图像

通过 Sigmoid()函数可将输出值限制在区间[0,1]中。若有测试点 x，用 Sigmoid()函数计算出的结果 y 就可以作为测试点 x 属于类别 1 的概率大小。设定阈值，通常是 0.5。

当 y>0.5 时，将 x 归到类别 1；如果 y<0.5，就将 x 归到类别 0。阈值可以调整，如将阈值设为 0.9，即有超过 90%的把握，x 才属于类别 1。

下面采用逻辑回归，通过用户三围数据对其性别进行判断。三围标准计算公式如下。男性三围标准：胸围=身高×0.61、腰围=身高×0.42、臀围=身高×0.64，女性三围标准：胸围=身高×0.535、腰围=身高×0.365、臀围=身高×0.565。以下程序中模拟产生男性、女性三围数据作为训练集，然后对 testData 中输入的三围数据进行预测。代码如下：

```
from random import randint
from numpy import array
from sklearn.linear_model import LogisticRegression
#模拟生成男性三围数据
male = []
for _ in range(200):
    height = randint(160,200)/100
    male.append(((height*61+randint(0,10)-5),
                 (height*42+randint(0,6)-3),
                 (height*64+randint(0,12)-6)))
#模拟生成女性三围数据
female = []
for _ in range(200):
    height = randint(150,175)/1000
    female.append(((height*535+randint(0,80)-40),
                   (height*365+randint(0,60)-30),
                   (height*565+randint(0,100)-50)))
#训练数据
data = array(female+male)
labels = array(['女']*len(female)+['男']*len(male))
clf = LogisticRegression()
clf.fit(data,labels)
#预测，对未知数据进行分类
testData = [(120,97,106)]
print(clf.predict(testData))
```

在 testData 中输入三围数据 "120,97,106"，运行结果如下：

```
['男']
```

小　　结

本章主要介绍了 Python 的开源机器学习模块 klearn 使用方法，该模块能够为用户提供如分类、回归、聚类等各种机器学习算法接口。通过对本章的学习，读者能够对 Python 机器学习有关内容有一定的了解和掌握，为后续的深入学习打下良好的理论基础。

第 13 章　Python 解析 XML

◥ 导学

　　XML 是标准通用标记语言的子集。XML 是各种应用程序之间进行数据传输的最常用的工具，在信息存储和描述领域越来越流行。Python 是一种面向对象的解释型程序设计语言。在使用 XML 文件中的数据时，需要对文件中的数据进行解析，而 Python 中包含了对 XML 很好的支持。本章通过具体实例介绍 Python 解析 XML 的方法。

　　了解： XML 的概念、Python 解析 XML 的常用方法的优缺点。

　　掌握： SAX 解析 XML 方法与 DOM 解析 XML 方法。

　　XML 是一种数据描述语言，尽管它是语言，但通常情况下并不具备常见语言的基本功能，即被计算机识别并运行。只有依靠另一种语言对其进行解释，才能使其在计算机上运行。Python 的标准库中提供了两个处理 XML 的模块，可以对 XML 进行解析。

13.1　XML 概述

13.1.1　XML 简介

　　XML 是一种简单的数据存储语言，日趋成为当前许多新生技术的核心。它是 Web 发展到一定阶段的必然产物，既有 HTML 的简单特性，又有明确和结构良好等许多新的特性。XML 使用一种简单可读的标签和通用的语法来标记文档数据。这些标记可以用方便的方式建立，极其简单且易于掌握和使用。下面以 patients.xml 文档为例进行介绍。

```
<?xml version="1.0" encoding="utf-8"?>    <!--文件序言-->
<patients>                                <!--根元素-->
<patient patino="20190101">               <!--元素 patient 及元素属性-->
    <name>刘静</name>                      <!--元素 name-->
    <sex>女</sex>                          <!--元素 sex-->
    <dept>内科</dept>                      <!--元素 dept-->
</patient>                                <!--元素结束标签-->
<patient patino="20190102">               <!--元素 patient 及元素属性-->
    <name>王小雨</name>                    <!--元素 name-->
    <sex>男</sex>                          <!--元素 sex-->
    <dept>外科</dept>                      <!--元素 dept-->
</patient>                                <!--元素结束标签-->
</patients>                               <!--元素结束标签-->
```

　　文档的第一行是序言。version 指明了文档符合 XML 1.0 规范；encoding 是文档字符编码，如 utf-8 或者 gb2312。

　　文档的主体部分从<patients>开始到</patients>结束。<patients>称为根元素，包括文档中其他所有元素。根元素的起始标签\<patients\>要放在所有其他元素的起始标签之前，根元素的结束标签\</patients\>要放在所有其他元素的结束标签之后。\<patient\>是直属于根元素下的子元素，在\<patient\>下又有\<name\>\<sex\>\<dept\>等子元素。patino 是\<patient\>元素的一个属性，20190101 是其属性值。

13.1.2　Python 解析 XML 文档的两种常用方法

Python 的标准库中提供了对 XML 文档的基本处理方法，包括 SAX（Simple API for XML）和 DOM（Document Object Model）两大类。

1. SAX 解析 XML

SAX 是一种以事件驱动的 XML 编程接口，其边扫描边解析，自顶向下依次解析。SAX 解析 XML 具有速度快、占用内存少等优点，对于 Android 等 CPU 资源宝贵的移动平台来说是一个巨大的优势。

（1）SAX 的优点

1）解析速度快。

2）占用内存少。

（2）SAX 的缺点

1）只知道当前解析的元素的名字和属性，无法知道当前解析元素的上层元素及其嵌套结构。

2）只能读取 XML，无法修改 XML。

3）无法随机访问某个元素。

2. DOM 解析 XML

DOM 把整个 XML 文档当成一个对象来处理，其先把整个文档读入内存里，构造DOM 树，然后开始工作。

（1）DOM 的优点

1）能保证 XML 文档正确的语法和格式。

2）树在内存中是持久的，因此可以对 XML 文档进行修改。

3）可实现对 XML 文档的随机访问。

4）整个文档树都在内存当中，便于操作。

（2）DOM 的缺点

1）整个文档必须一次性解析完。

2）由于整个文档都需要载入内存，因此大的文档解析和加载很耗资源。

13.2　Python 使用 SAX 解析 XML

13.2.1　使用 SAX 解析 XML 文档的方法

SAX 采用事件驱动模式，通过数据流的方式来读取文档。当读取部分内容时就会对

文档进行解析，并产生相应的事件。利用 SAX 解析 XML 文档涉及两个部分：解析器和
事件处理器。解析器负责读取 XML 文档，并向事件处理器发送事件，如元素开始和元
素结束事件；而事件处理器则负责对事件做出相应的处理。在 Python 中使用 SAX 方式
处理 XML，要先引入 xml.sax.handler 中的 ContentHandler 类和 xml.sax 中的 parse()函数。

1）ContentHandler 类方法。ContenHandler 会在系统读取文档特定内容时触发。在
ContenHandler 基类中包含以下常用的方法。

① characters(content)方法：遇到字符数据时调用。

② startElement(name, attrs)方法：遇到元素的起始标签时调用，name 是标签的名字，
attrs 是元素的属性值。

③ endElement(name)方法：遇到元素的结束标签时调用。

2）创建一个 SAX 解析器并解析 XML 文档，代码如下：

```
xml.sax.parse( xmlfile, contenthandler())
```

13.2.2　使用 SAX 读取 XML 文档的实例

【例 13-1】　使用 SAX 解析 patients.xml 文档的代码如下：

```
from xml.sax.handler import ContentHandler
from xml.sax import parse
#创建一个自己的 handler 类，继承 xml.sax 的 ContentHandler 类
class patientHandler(ContentHandler):
    def __init__(self):
        self.CurrentData = ""
        self.name = ""
        self.sex = ""
        self.dept = ""
    #遇到元素开始标签时调用，tag 是标签的名字，attributes 是元素的属性值
    def startElement(self, tag, attributes):
        self.CurrentData = tag
        if tag == "patient":
            print ("patient")                   #输出 patient 标签
            patino = attributes["patino"]
            print ("patino:", patino)           #输出 patino 属性
    #内容事件处理，遇到字符数据时调用，content 为元素中的字符内容
    def characters(self, content):
        if self.CurrentData == "name":
            self.name = content                 #获取 name 元素中的内容
        elif self.CurrentData == "sex":
            self.sex = content                  #获取 sex 元素中的内容
        elif self.CurrentData == "dept":
            self.dept = content                 #获取 dept 元素中的内容
    #遇到元素的结束标签时调用，tag 是标签的名字
    def endElement(self, tag):
        if self.CurrentData == "name":
            print ("name:", self.name)          #输出 name 及元素中的内容
        elif self.CurrentData == "sex":
            print ("sex:", self.sex)            #输出 sex 及元素中的内容
        elif self.CurrentData == "dept":
```

```
        print ("dept:", self.dept)        #输出 dept 及元素中的内容
        self.CurrentData = ""
#解析 XML 文档
parse("e:\\test\\patients.xml",patientHandler())
```

运行结果如下：

```
patient
patino: 20190101
name: 刘静
sex: 女
dept: 内科
patient
patino: 20190102
name: 王小雨
sex: 男
dept: 外科
```

13.3　Python 使用 DOM 解析 XML

　　DOM 是 W3C 组织推荐的处理可扩展标记语言的标准编程接口。一个 DOM 的解析器在解析一个 XML 文档时，一次性读取整个文档，把文档中所有元素保存在内存中的一个树结构里，之后可以利用 DOM 提供的不同函数来读取或修改文档的内容和结构，也可以把修改过的内容写入 XML 文档。

13.3.1　使用 DOM 读取 XML 文档

　　1）得到 DOM 对象，代码如下：

```
dom = xml.dom.minidom.parse(xmlfile)
```

导入 xml.dom.minidom 模块，生成 DOM 对象。

　　2）获取根结点，代码如下：

```
root = dom.documentElement
```

得到文档的根对象。

　　3）访问子结点，代码如下：

```
node = root.getElementsByTagName(nodeName)
```

可以通过 getElementsByTagName()函数和 childNodes 属性找到要处理的元素。getElementsByTagName()函数可以搜索当前元素的所有子元素，包括有层次的子元素。

　　4）结点属性。每个结点都有 nodeName、nodeValue、nodeType 属性，其中 nodeName 是结点名，nodeValue 是结点值，nodeType 是结点类型。

　　5）遍历 childNodes，输出所有元素的标签名。代码如下：

```
For node in root.childNodes:
    If node.nodeType == node.ELEMENT_NODE:
        print(node.nodeName)
```

childNodes 只保存了当前元素的第一层子结点，因此可以用循环方式遍历 childNodes 进而访问每一个结点，并通过 nodeType 判断其结点类型。

　　6）输出文本结点，代码如下：

```
for node1 in node.childNodes:
    if node1.nodeType == node1.TEXT_NODE:
        print(node1.data)
```

对于文本结点，获取其文本内容可以使用.data 属性。

7）实例。

【例 13-2】　使用 DOM 读取 patients.xml 的代码如下：

```
from xml.dom import minidom
def patiInfo():
    info = minidom.parse("e:\\test\\patients.xml")   #得到 DOM 对象
    root = info.documentElement                      #获取根元素<patients>
    patient = root.getElementsByTagName("patient")   #获取子元素
    for p in patient:
        print (p.nodeName)                           输出元素名
        for item in p.childNodes:                    #输出子元素
            if item.nodeType == info.ELEMENT_NODE:
                print (item.nodeName,end=":")
                for node in item.childNodes:         #访问子元素
                    if node.nodeType == info.TEXT_NODE:
                        print(node.data)             #输出文本结点
patiInfo()
```

运行结果如下：

```
patient
name:刘静
sex:女
patient
name:王小雨
sex:男
dept:外科
```

13.3.2　使用 DOM 添加结点

1）生成元素结点，代码如下：

```
node = info.createElement(nodeName)
```

2）添加元素结点。

```
node.appendChild(childNode)
```

生成的元素结点是一个空元素，需要使用 appendChild()函数或 insertBefor()函数添加文本或者其他元素。

3）生成文本结点，代码如下：

```
node = info.createTextNode(nodeValue)
```

4）为元素添加属性，代码如下：

```
node.setAttribute(attributeName,attributeValue)
```

5）使用 DOM 添加新结点的步骤如下：

① 从 XML 文档中得到 DOM 对象。

② 在原始文档中定位新结点的父结点。

③ 创建新结点。

④ 把新结点添加到父结点中。

6）实例。

【例 13-3】　使用 DOM 为 patients.xml 添加 patient 元素，其中 patient 的属性为 patino=20190103，name 子元素为 "李铁钢"，sex 子元素为 "男"，dept 子元素为 "内科"。代码如下：

```python
from xml.dom import minidom
def addPatiInfo():
    info = minidom.parse("e:\\test\\patients.xml")    #得到 DOM 对象
    root = info.documentElement                       #获取根元素<patients>
    patient = info.createElement("patient")           #创建<patient>结点
    patient.setAttribute("patino","20190103")         #为<patient>添加属性
    name = info.createElement("name")                 #创建<name>结点
    text = info.createTextNode("李铁钢")               #生成文本结点
    #将文本结点添加到<name>结点中
    name.appendChild(text)
    sex = info.createElement("sex")                   #创建<sex>结点
    text = info.createTextNode("男")                  #生成文本结点
    #将文本结点添加到<sex>结点中
    sex.appendChild(text)
    dept = info.createElement("dept")                 #创建<dept>结点
    text = info.createTextNode("内科")                #生成文本结点
    #将文本结点添加到<dept>结点中
    dept.appendChild(text)
    #将<name>结点添加到<patient>结点中
    patient.appendChild(name)
    #将<sex>结点添加到<patient>结点中
    patient.appendChild(sex)
    #将<dept>结点添加到<patient>结点中
    patient.appendChild(dept)
    #将<patient>结点添加到<patients>结点中
    root.appendChild(patient)
    print (root.toxml())                              #使用 toxml()函数实现 XML 输出
addPatiInfo()
```

运行结果如下：

```xml
<patients>
<patient patino="20190101">
    <name>刘静</name>
    <sex>女</sex>
    <dept>内科</dept>
</patient>
<patient patino="20190102">
    <name>王小雨</name>
    <sex>男</sex>
    <dept>外科</dept>
</patient>
    <patient patino="20190103"><name>李铁钢</name><sex>男</sex><dept>内科
</dept></patient></patients>
```

13.3.3　使用 DOM 修改、删除结点

1）删除元素结点，代码如下：

```
node.removeChild(ChildNode)
```

从 node 中删除子元素 ChildNode。

2）替换元素结点，代码如下：

```
node.replaceChild(newNode,oldNode)
```

将 oldNode 结点替换成 newNode 结点。

3）使用 DOM 修改或删除结点的步骤如下：

① 从 XML 文档中得到 DOM 对象。

② 在原始文档中定位要操作的结点及它的父结点。

③ 通过调用<父结点>.replaceChild()方法替换结点来修改结点的值，也可以通过调用 <结点>.setAttribute()方法来修改属性的值。

④ 通过<父结点>.removeChild()方法来删除结点。

4）实例。

【例 13-4】　对 patients.xml 文件进行修改，将"王小雨"改成"王大雨"并删除第 1 个<patient>元素。代码如下：

```
from xml.dom import minidom
def modiPatiInfo():
    info = minidom.parse("e:\\test\\patients.xml") #得到 DOM 对象
    root = info.documentElement                     #获取根元素<patients>
    item=info.getElementsByTagName("patient")       #获取所有<patient>结点
    pati=item[1]                                     #取第二个<patient>结点
    oldnode=pati.getElementsByTagName('name')[0]     #获取<name>结点
    newnode=info.createElement("name")               #创建新<name>结点
    text=info.createTextNode("王大雨")                #创建文本结点
    #将文本结点添加到新创建的<name>结点中
    newnode.appendChild(text)
    pati.replaceChild(newnode,oldnode)               #用新结点替换旧结点
    root.removeChild(item[0])                         #删除第一个<patient>结点
    print (root.toxml())                             #使用 toxml()函数实现 XML 输出
modiPatiInfo()
```

运行结果如下：

```
<patients>

<patient patino="20190102">
    <name>王大雨</name>
    <sex>男</sex>
    <dept>外科</dept>
</patient>
</patients>
```

小　　结

　　本章主要讲解了如何使用 Python 语言对 XML 进行解析。首先介绍了 XML 的概念，接下来介绍了 Python 解析 XML 文档的两种方式，并通过实例详细介绍了 Python 使用 SAX 解析 XML 及 Python 使用 DOM 解析 XML 的方法。通过对本章的学习，读者能够掌握 Python 对 XML 文档的解析方法，并可以对 XML 文档的结点进行修改和删除。

参 考 文 献

崔庆才，2018. Python3 网络爬虫开发实战[M]. 北京：人民邮电出版社.

何海群，2017. 零起点 Python 机器学习快速入门[M]. 北京：电子工业出版社.

刘宇宙，2017. Python 3.5 从零开始学[M]. 北京：清华大学出版社.

娄岩，2019. 二级 Python 编程指南[M]. 北京：清华大学出版社.

唐松，陈智铨，2017. Python 网络爬虫从入门到实践[M]. 北京：机械工业出版社.

夏敏捷，张西广，2018. Python 程序设计应用教程[M]. 北京：中国铁道出版社.

杨长兴，2016. Python 程序设计教程[M]. 北京：中国铁道出版社.

Jan Erik Solem，2014. Python 计算机视觉编程[M]. 朱文涛，袁勇，译. 北京：人民邮电出版社.

John E.Grayson，2002. Python 与 Tkinter 编程[M]. 陈文志，高垒，等译. 北京：国防工业出版社.

Magnus Lie Hetland，2010. Python 基础教程[M]. 司维，曾军崴，谭颖华，译. 2 版. 北京：人民邮电出版社.

Magnus Lie Hetlanduu，2018. Python 基础教程[M]. 袁国忠，译. 3 版. 北京：人民邮电出版社.

Wesley Chun，2016. Python 核心编程[M]. 孙波翔，李斌，李晗，译. 3 版. 北京：人民邮电出版社.